FORSCHUNGSBERICHTE DES LANDES NORDRHEIN-WESTFALEN

Herausgegeben
im Auftrage des Ministerpräsidenten Dr. Franz Meyers
von Staatssekretär Professor Dr. h. c. Dr. E. h. Leo Brandt

Nr. 1058

Diplom-Bergingenieur Joachim B. Rolfes, Johannesburg

Im Auftrage der Gewerkschaft Wohlfahrt Dillenburg/Hessen

Der Vergasungsversuch unter Tage von Breitscheid/Dillkreis

Als Manuskript gedruckt

Springer Fachmedien Wiesbaden GmbH

ISBN 978-3-663-03394-3   ISBN 978-3-663-04583-0 (eBook)
DOI 10.1007/978-3-663-04583-0

Gliederung

Vorwort.. S. 5

1.0 Vorbereitende Überlegungen und Beschreibung der gegebenen Verhältnisse.. S. 7
  1.1 Vorgeschichte.. S. 7
  1.2 Begründung für die Vergasungsversuche in Breitscheid... S. 8
  1.3 Geologische Verhältnisse................................... S. 11
  1.4 Zusammensetzung der Kohle und des Nebengesteins........ S. 13
  1.5 Kurze Beschreibung des Grubenfeldes und der vorhandenen Grubenbaue... S. 16
  1.6 Versuchsziele.. S. 17
  1.7 Überlegungen für die Vorrichtung der Versuchsanlage... S. 18
    1.71 Führung der Vergasungsfront und Absetzung des Hangenden.. S. 18
    1.72 Der Gasstrom.. S. 25
    1.73 Das kombinierte Verfahren............................ S. 26
    1.74 Zusammenfassung der Überlegungen.................... S. 29

2.0 Bau der Vergasungsanlage... S. 30
  2.1 Plan... S. 30
    2.11 Strecken und Dämme................................... S. 30
    2.12 Vergasungsluft.. S. 31
    2.13 Wasser.. S. 34
    2.14 Gasstrom.. S. 34
    2.15 Mauerung.. S. 36
    2.16 Tiefbohrungen... S. 37
    2.17 Zündung... S. 38
    2.18 Meßeinrichtungen..................................... S. 39
  2.2 Berechnungsunterlagen für Konstruktion und Betrieb der Versuchsanlage... S. 41
    2.21 Luftbedarf.. S. 43
    2.22 Vergasungstemperatur................................. S. 44
    2.23 Berechnung der stündlichen Gasproduktion aus dem unteren Flöz....................................... S. 44
    2.24 Vergaste Kohlenmenge................................. S. 45
    2.25 Vergasungsluftmenge.................................. S. 45
    2.26 Gasmenge am Entgasungsbohrloch...................... S. 46
    2.27 Strömungsgeschwindigkeit der Vergasungsluft....... S. 46
    2.28 Strömungsgeschwindigkeit der Gase im Entnahmebohrloch... S. 46
    2.29 Gasdrücke in der Anlage............................... S. 47
      2.291 Erforderlicher Unterdruck in der Kaltluftzone S. 47
      2.292 Erforderlicher Unterdruck in der Produktionszone.. S. 48
      2.293 Erforderlicher Unterdruck in der Absaugzone.. S. 49
    2.210 Widerstandsdruck in der Anlage..................... S. 50
    2.211 Äquivalente Kanalweite............................... S. 50
    2.212 Kaminzug des Entnahmebohrloches.................... S. 50
    2.213 Strömungs- und Druckverhältnisse im Oberflöz. S. 51
    2.214 Stündlicher Vergasungsfortschritt.................. S. 51
    2.215 Wärmeverluste an das Nebengestein.................. S. 52
    2.216 Je Zeit und Meter erzeugte Wärmemenge............. S. 53
    2.217 Temperatur im oberen Flöz und Wandtemperaturen S. 53
      2.2171 Temperatur im oberen Flöz................... S. 54
      2.2172 Wandtemperatur in der Firste des Strömungskanals.................................. S. 56

                2.2173 Berechnung des Temperaturabfalles im
                       Zwischenmittel . . . . S. 56
                2.2174 Berechnung der Wandtemperatur am oberen
                       Flöz . . . . S. 57
        2.218 Wärmebilanz . . . . S. 57
        2.219 Erwartete Wärmemenge bei dem kombinierten
              Verfahren . . . . S. 60
        2.220 Mechanisches Wärmeäquivalent. . . . . S. 61
        2.221 Vergasungswirkungsgrad. . . . . S. 61
3.0 Praktische Vorarbeiten . . . . S. 62
    3.1 Aufwältigung des Stollens und der Zufuhrstrecken, Abbau S. 62
    3.2 Arbeiten zum Bau der Vergasungsanlage. . . . . S. 64
        3.21 Vergasungsstrecken. . . . . S. 64
        3.22 Tiefbohrungen, Verrohrung und Abdichtung der Bohr-
             löcher. . . . . S. 67
        3.23 Installation der Vergasungsanlage . . . . S. 78
4.0 Durchführung der Versuche. . . . . S. 83
    4.1 Kaltversuche . . . . S. 83
    4.2 Anheizen der Anlage. . . . . S. 85
    4.3 Vergasungsperiode. S. 88
        4.31 Gasbildung. . . . . S. 88
        4.32 Befahrung der Luftstrecke . . . . S. 93
        4.33 Zusatzfeuer . . . . S. 95
        4.34 Fortgang der Vergasung. . . . . S. 97
        4.35 Zusatz von Sauerstoff zur Vergasungsluft. . . . . . S. 98
        4.36 Vergasung bei langfristiger Änderung der Vergasungs-
             luft. . . . . S. 98
    4.4 Einstellung der Vergasungsversuche . . . . S. 100
    4.5 Abbruch der Anlage . . . . S. 103
5.0 Auswertung der Versuche. . . . . S. 104
    5.1 Allgemeines. . . . . S. 104
    5.2 Menge und Druck. . . . . S. 106
    5.3 Temperaturen . . . . S. 108
    5.4 Wasser . . . . S. 110
    5.5 Heizwert und Analysen. . . . . S. 111
    5.6 Strömungsgeschwindigkeit . . . . S. 113
    5.7 Äquivalente Kanalweite . . . . S. 113
    5.8 Kaminzug am Entnahmeloch . . . . S. 113
    5.9 Täglicher Vergasungsfortschritt. . . . . S. 114
        5.10 Gesamtgasberechnung . . . . S. 114
        5.11 Wärmeverluste . . . . S. 115
        5.12 Vergasungswirkungsgrad. . . . . S. 118
        5.13 Vorschau. . . . . S. 118
6.0 Zusammenfassung . . . . S. 119
7.0 Anlagen . . . . S. 121

Vorwort

Die Idee, Braunkohle auf dem Westerwald untertägig zu vergasen, stammt erstmalig von dem kurz nach Beginn der Vergasungsversuche leider verstorbenen Hüttenbesitzer und Bergmann Herrn Hans GRÜN aus Dillenburg in Hessen. Während der Löscharbeiten bei einem Brand auf der Grube "Alexandria" (Westerwald), Anfang der zwanziger Jahre, beobachtete er, wie über Tage in einer Ackerfurche brennbares Gas austrat. Er steckte das Gas an, worauf sich eine Kletterflamme entlang der Ackerfurche bewegte.

Angeregt durch diese Beobachtungen und beeinflußt durch die etwa 15 Jahre später in der Fachpresse erschienenen Berichte über Untertagevergasung von Kohle beauftragte Herr Hans GRÜN Herrn Direktor Heinrich NEEB von den Burger Eisenwerken A.-G., Burg (Dillkreis) und den Verfasser, die Ergebnisse der bereits durchgeführten UtV-Versuche auszuwerten und Pläne für einen Vergasungsversuch von Braunkohle unter Tage auf dem Westerwald auszuarbeiten. Ferner nahm er Verbindung mit der interessierten Industrie und den infragekommenden Stellen der Länder Nordrhein-Westfalen und Hessen sowie mit dem Bundeswirtschaftsministerium auf für eine Unterstützung seiner Ideen. Selber durch eine lang anhaltende Krankheit behindert, bevollmächtigte er den Verfasser, alle Verhandlungen mit den betreffenden Stellen zu führen.

Ohne die Initiative und Unterstützung von Herrn Hans GRÜN wäre dieser erste Vergasungsversuch in Deutschland nicht zustande gekommen. Besonders hervorgehoben werden muß, daß er sich privat in außerordentlich hohem Maße finanziell an der Durchführung der Versuche beteiligt hat. Alle, die einen Nutzen aus den Versuchsergebnissen ziehen können, sind Herrn Hans GRÜN in ganz besonderer Weise zu Dank verpflichtet.

Der Verfasser empfindet daher das Bedürfnis, an dieser Stelle noch einmal in dankbarer Erinnerung dieses hervorragenden Mannes zu gedenken.

Der hier vorliegende Bericht ist eine Kürzung des am 22.8.1959 verfaßten, bei dem auch weitgehend auf die vom Lande Hessen geforderte Wiederaufnahme des Kohlenabbaues eingegangen worden war. Ferner enthielt dieser Bericht eine Zusammenstellung der Weltliteratur über Untertagevergasung bis 1959, den Quellennachweis sowie eine Übersicht über finanzielle Beteiligung und Verwendung der Gelder.

1.0 Vorbereitende Überlegungen und Beschreibung der gegebenen Verhältnisse

1.1 Vorgeschichte

Am 8.2.1954 beauftragte Herr Hans GRÜN den Verfasser, die Literatur über bereits erfolgte Vergasungsversuche eingehend zu studieren und mit Herrn Heinrich NEEB zusammen aufgrund der bisherigen Erfahrungen, Pläne für einen UtV-Versuch auszuarbeiten. Diese sollten auf die Besonderheiten der Westerwälder Braunkohlenlagerstätte und örtliche Verhältnisse abgestimmt sein. Es lag natürlich der Gedanke nahe, die Braunkohlenfelder der "Gewerkschaft Wohlfahrt", zu 100 % im Besitz der Burger Eisenwerke A.-G., auf dem Westerwald für den Versuch zu verwenden. Bald stellte sich jedoch heraus, daß aus bergmännischen Gründen von diesem Plan abgesehen werden mußte. Die "Gewerkschaft Wohlfahrt" wurde allerdings später die den Versuch durchführende Gesellschaft.

Nach zeitraubenden Untersuchungen, bei denen eine Versuchsdurchführung zur UtV auf dem Hohen-Westerwald bei Marienburg und später auch auf der Grube "Alexandria" in Höhn erwogen worden war, stellte die Firma Dr. C. Otto Comp., Bochum-Dahlhausen, ihre Grube "Glückauf-Phönix" bei der "Westerwälder Thonindustrie G.m.b.H." in Breitscheid (Dillkreis) für den Vergasungsversuch zur Verfügung.

Gleichlaufend mit diesen Bemühungen fand ein intensives Studium der gesamten Literatur über UtV statt. Damit verbunden war auch eine Fühlungnahme mit den Autoren der ausländischen Versuche, die bereitwillig Auskunft gaben und zusätzliche Unterlagen zur Verfügung stellten.

Größte Schwierigkeiten bereitete die Beschaffung des notwendigen Kapitals. Hier wurde Verbindung mit den infrage kommenden Industrieunternehmen, Ministerien, Behörden und Industrievereinigungen aufgenommen. Es zeigte sich jedoch bald, daß infolge der wenig ermutigenden Berichte aus dem Ausland wohl das Interesse an dem Problem der untertägigen Vergasungstechnik groß, jedoch die Bereitwilligkeit einer aktiven Beteiligung gering war. Umso höher muß das den wenigen Stellen angerechnet werden, die sich schließlich bereit erklärten, sich finanziell an der Durchführung der Vergasungsversuche zu beteiligen.

Um die Ideen und Gegebenheiten den interessierenden Kreisen leichter zugänglig zu machen, stellte der Verfasser verschiedene Druckschriften zusammen, aus denen die Ziele und die besonderen Umstände für den geplanten Vergasungsversuch zu entnehmen waren.

Gegen Ende des Jahres 1956 war in Erfahrung zu bringen, daß die Länder Hessen und Nordrhein-Westfalen für den Vergasungsversuch Mittel zu geben bereit waren. Dabei war eine Übereinkunft der beiden Länder erzielt worden, nach welcher der Herr Minister für Wirtschaft und Verkehr des Landes Nordrhein-Westfalen ausschließlich die Arbeiten für die Vergasung und der Herr Minister für Arbeit, Wirtschaft und Verkehr des Landes Hessen ausschließlich die Aus- und Vorrichtung für einen Kohlenabbau auf der Grube "Glückauf Phönix" unterstützt. Da sich beide Arbeitsgebiete überschnitten, war die Genehmigung jedes Ministeriums von der Beteiligung des anderen abhängig gemacht worden.

Anfang des Jahres 1957 übernahm Herr Hans GRÜN eine Bürgschaft auf seinen Namen bei der Volksbank e.G.m.b.H. zu Dillenburg, wodurch schon vorzeitig mit den praktischen Arbeiten angefangen werden konnte.

1.2 Begründung für die Vergasungsversuche in Breitscheid

Ein Maß für die Bedeutung, welche dem untertägigen Vergasungsverfahren zugemessen wird, ist die Tatsache, daß in den letzten Jahren in allen wesentlichen Industrieländern zu Versuchszwecken UtV-Anlagen mit z.T. sehr erheblichen Kosten errichtet worden sind.

UtV gilt als kostensparend durch den geringen Personalbedarf und als zusätzliche Energiequelle. Das Verfahren begegnet nicht nur den stets größer werdenden Schwierigkeiten in der Bergarbeiterfrage, sondern gestattet darüber hinaus, durch seine Eigenart gerade die bisher als bergmännisch nicht bauwürdig geltenden Kohlenvorkommen in den Wirtschaftsprozeß mit einzubeziehen.

Bemerkenswert ist, daß sich neben allen großen Industrieländern nur die Bundesrepublik nicht mit dieser Art der Energiegewinnung beschäftigt hat. Hierdurch war dann - ebenso wie in der Atomtechnik - ein sich ständig vergrößernder Rückstand der Bundesrepublik in einer modernen Technik der Energieerzeugung entstanden.

Es bot sich nun die günstige Gelegenheit, bei Breitscheid auf dem Westerwald einen Untertagevergasungsversuch mit geringsten Aufwendungen durchführen zu können, da verschiedene Interessen zu koordinieren waren. Hinzu kam noch die gute Eignung der Kohle für Vergasungszwecke. Das Fortbestehen der Grube "Glückauf Phönix" bis 1953 hatte nur seine Ursache darin, daß Kohle zum Betrieb von Generatoren dort abgebaut wurde. Sonst wäre die Grube, ebenso wie all die anderen des Westerwaldes, auch schon lange zum Erliegen gekommen.

Breitscheid liegt etwa 10 km westlich der Stadt Herborn (Dillkreis) und ist auf dem Meßtischblatt Nr. 3104 im Nordwestteil zu finden. In der als Anlage A beigelegten Mutungsübersichtskarte und in Anlage B (Tagessituation) ist der Phönix-Stollen eingezeichnet. Dieser Stollen hat bis an die im Lageplan (Anlage C) eingezeichnete Umfahrungsstrecke eine Länge von 1.025 m. 15 m vom Streckenkreuz entfernt befindet sich der Luftschacht. Der Braunkohlenbergbau im Breitscheid-Driedorfer Gebiet (vgl. Anlage A) kam in den letzten Jahren zum Erliegen, weil die Gewinnungskosten bei dem hohen Anteil der fortwährend steigenden Löhne für das verhältnismäßig dünne Flöz von 1 bis 1,5 m zu umfangreich wurden und der Grubenbetrieb daher mit dem seither üblichen Gewinnungsverfahren von Hand nicht mehr rentabel gestaltet werden konnte.

Neben den guten Vergasungseigenschaften der Breitscheider Kohle waren die besonders günstigen Verhältnisse an der Tagesoberfläche (Viehweide) maßgebend für die Empfehlung, dort eine UtV-Versuchsanlage zu bauen. Die Versuchsdurchführung, ohne benachbarte Kohlenlagerstätten oder Baulichkeiten zu gefährden, war eine weitere Voraussetzung für die Wahl der Grube "Glückauf Phönix" bei Breitscheid. Von ausschlaggebender Bedeutung jedoch für den Entschluß, einen Untertagevergasungsversuch im Bereich der seit dem Jahre 1953 stillgelegten Grube durchzuführen, war das Vorhandensein noch verwendungsfähiger Grubenbaue, insbesondere eines sehr gut erhaltenen Luftschachtes, so daß die Kosten der bergmännischen Vorrichtung von vorne niedrig bemessen werden konnten. Die örtliche Industrie des Dillgebietes war bereit, durch sachliche Unterstützung bei den Versuchsarbeiten zu helfen. Schließlich kam durch den in Aussicht gestellten Zuschuß durch das Land Hessen nur ein Betrieb innerhalb dieses Landes infrage. Die gewünschte Wiederaufnahme des Bergbaues war ja auch in einer erst kürzlich stillgelegten Grube am besten zu bewerkstelligen.

Die günstige Lage des Luftschachtes an der Grenze des abgebauten Feldesteiles ließ den Gedanken gerechtfertigt erscheinen, von dort aus unter Berücksichtigung eines Schachtsicherheitspfeilers eine Versuchsanlage für die UtV vorzurichten. Hierfür sprachen im einzelnen folgende Punkte:

1. Die Reparaturen am Phönix-Stollen sowie eine Wiederaufwältigung des 2. und 3. nördlichen Querschlages (vgl. Anlage C) wurden ohnehin notwendig, wenn aus dem nördlichen Flügel der Grube Kohle für Hausbrand gefördert werden sollte. Es konnten also die notwendigen Arbeiten zum Bau einer Vergasungsanlage und zur gewünschten Wiederinbetriebnahme der Grube teilweise zusammen vorgenommen werden.

2. Durch das Vorhandensein des Schachtes war eine gute Bewetterung der zukünftigen Grubenbaue und ein Luftkreislauf für die Vergasungsanlage möglich.

3. Die dringend notwendige Elektrifizierung des Betriebes konnte ohne Umstände durch den Schacht erfolgen. Die Heranführung des Stromes hätte sonst durch den langen Stollen erfolgen müssen oder es wäre ein kostspieliges Bohrloch notwendig gewesen.

4. Eine etwa 275 m vom Schacht in günstiger Lage entfernte Starkstromleitung (vgl. Anlage B) ermöglichte die einfache Heranführung von elektrischer Energie an den Schacht.

5. Die Elektrizitäts-A.-G. Mitteldeutschland (EAM) in Oberscheld (Dillkreis) hatte sich bereit erklärt, in der Nähe des Luftschachtes einen Transformator für die Dauer des Betriebes leihweise zur Verfügung zu stellen.

6. Die Tagesoberfläche war unbebaut, wodurch - allerdings unerwartete - evtl. Bergschäden sich nicht nachteilig auswirken konnten. Auch bei überraschend auftretenden Gasausbrüchen oder Bränden bestand nirgends Gefahr für ein Übergreifen auf den Wald.

7. Gute Anfahrtswege, sowohl zum Stollenmundloch als auch zur Hängebank des Schachtes, waren vorhanden. Zum Abtransport der geförderten Kohle stand die Verladeeinrichtung der Westerwälder Thonindustrie mit Gleisanschluß der Bundesbahn zur Verfügung.

8. Haldensturz mit Gleisanschluß war in einer alten Tongrube vorhanden.

9. Durch in den Jahren 1949 bis 1953 erfolgte Aus- und Vorrichtungsarbeiten war die Lagerstätte hinsichtlich ihrer Güte, Mächtigkeit, Einfallen usw. bekannt. Es kamen daher zunächst keine kostspieligen Untersuchungsarbeiten in Betracht.

10. Kohlengewinnung konnte nach Reparatur des Stollens vom ersten Tage an einsetzen, ohne daß lange Gesteinsstrecken erforderlich waren.

11. Durch die schon vorhandenen Grubenbaue war das Gebirge weitgehend vorentwässert und die Kohle schon etwas trockener.

12. Das Deckgebirge war über der geplanten Anlage überall mehr als 60 m stark und mit Lette- und Tonlagen durchsetzt. Daher war mit wesentlichen Gasverlusten durch Klüfte auch nicht zu rechnen (vgl. Anlage D und Abb.1).

13. Die Versuchsanlage konnte ohne wesentliche Streckenauffahrung genügend weit vom "Alten Mann" des früheren Grubenbetriebes projektiert werden, so daß auch nach dorthin nicht mit Gasverlusten zu rechnen war (vgl. Anlage C).

14. In 200 m Entfernung von der Hängebank des Schachtes stand Wasser zur Verfügung, um gegebenenfalls durch eines der später herzustellenden Bohrlöcher die gesamte Versuchsanlage unter Wasser setzen zu können.

15. Das Vorhandensein zweier Flöze gestattete den Versuch eines kombinierten Verfahrens zur Vergasung des unteren und gleichzeitiger Verschwelung des oberen Flözes (Näheres darüber weiter hinten).

16. Durch die Nähe der Westerwälder Thonindustrie standen Werkstätten mit Personal und eine Kaue für die Belegschaft zur Verfügung. Ferner konnte im Bürogebäude der Westerwälder Thonindustrie sogleich ein Büroraum mit Telefonanschluß bezogen werden.

1.3 Geologische Verhältnisse

Die spezielle Geologie im Raum Breitscheid erklärt KAYSER anhand des geologischen Blattes von Herborn. Danach ist die Reihenfolge der Flöze und Mittel für die Gruben von Driedorf, Gusternhain und Breitscheid so übereinstimmend, daß dort an einer Ablagerung im gemeinsamen Becken nicht zu zweifeln ist. Die burdigalen Flöze sind autochthone Bildungen, die unter dem Deckbasalt von Tonen, Tuffen und Sandsteinen begleitet werden. Nicht selten sind die Braunkohlenflöze mit Intrusivbasalt durchsetzt. Das Vorhandensein der Intrusivlagergänge, vornehmlich in der Kohle, wird mit der Wasserführung der Flöze in Zusammenhang gebracht. Man nimmt an, daß durch die heiße Lava sich Wasserdämpfe und Gase bildeten, welche die Flözhorizonte aufspalteten, während dann die Lava nachdrang und sich durch Heben des Hangenden Platz schaffte. Dabei fand durch den Kontakt eine Veredlung der Braunkohle unter Verkokung oder eine Metamorphose in Glanzkohle statt. Leider wurden aber auch zugleich Störungen und Verdrückungen in den Flözen verursacht.

In dem für die Versuchsanlage vorgesehenen Raum beginnt über einer Schicht von geschiefertem sandigem Ton die eigentliche Braunkohlenformation, zuunterst mit bituminösen Schiefern und Blätterkohlen, von den Bergleuten als Faulkohle bezeichnet, die mit fast papierdünnen Ton- oder Sandsteinlagen wechsellagern. Unmittelbar darüber befindet sich das Hauptflöz, dessen Mächtigkeit zwischen 1,10 m und 1,50 m schwankt. Der

Übergang vom bituminösen Schiefer zur Kohle ist schwer zu erkennen. Hierfür bedarf es einer gewissen Übung, da beides fast gleich aussieht und der Übergang allmählich ist.

Das Hangende des Flözes besteht aus blauem Ton mit weichen Sandsteinschichten von insgesamt 4 m Stärke. Das sogenannte Oberflöz wurde am Schacht mit 1,70 m Mächtigkeit angetroffen, während es im Bereich der Anlage etwa 1,30 m stark war mit einem Sandsteinzwischenmittel von 0,40 m. Darüber befinden sich sehr weiche Ton- und Sandsteinschichten, bis in etwa 10 bis 12 m über dem Hauptflöz der Deckbasalt beginnt. Das in der Literatur häufig erwähnte Dachflöz wurde nicht angetroffen.

Abbildung 1 und Anlage E zeigen das über der Versuchsanlage durch drei Bohrungen nachgewiesene geologische Profil. Bedauerlicherweise sind beim

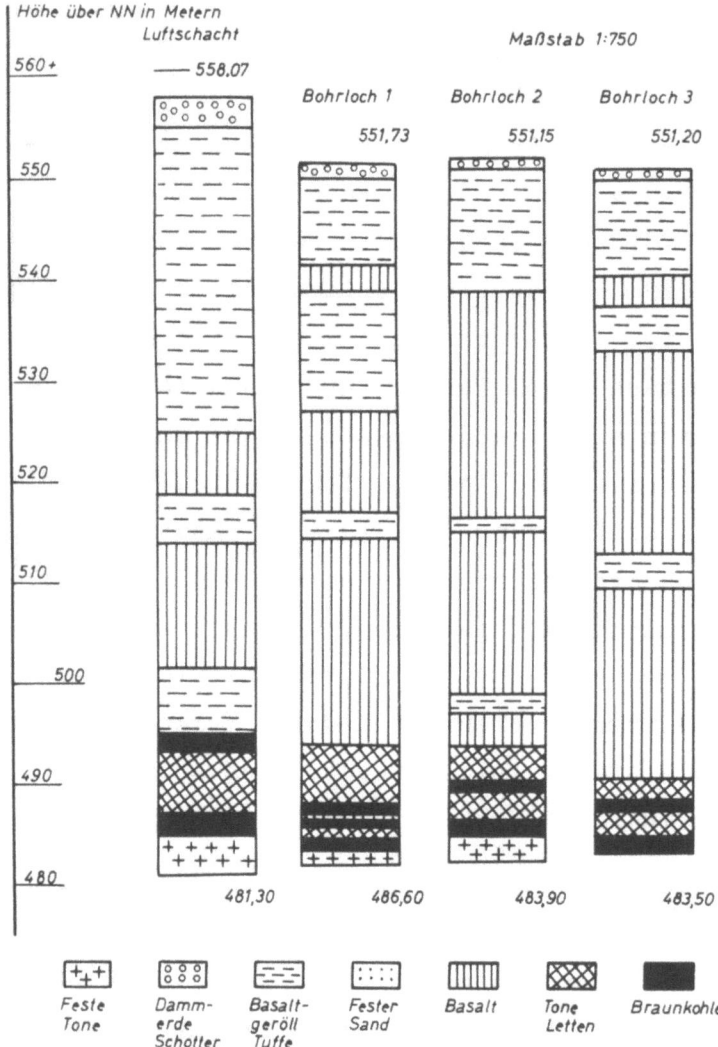

A b b i l d u n g   1
Geologische Profile

Abteufen des Luftschachtes "Glückauf Phönix" keine geologischen Schichtaufnahmen gemacht worden. Daher konnte nur das vor dem Abteufen in die Konzessionszeichnung eingetragene geologische Profil in Abbildung 1 eingetragen werden.

Die Flöze verlaufen nicht völlig waagrecht, sondern bilden flache Mulden und Sättel, letztere "Rücken" genannt. Die Höhendifferenzen durch Mulden und Rücken innerhalb der Flöze sind erfahrungsgemäß mit etwa 5 m zu veranschlagen.

Man muß jedoch auch von einem Gesamteinfallen sprechen, auf welches die Mulden und Rücken keinen Einfluß haben. Über große Flächen gesehen, verlaufen die Flöze in der Regel etwa in Konfiguration mit der Topographie. Das gilt besonders für das Gebiet um die Vergasungsanlage. Im Bereich des Stollenmundloches liegt das Flöz als Ausnahme diskordant zum Verlauf der Tagesoberfläche. Bemerkenswert ist noch, daß mehrfach Verwerfungen kleineren Maßstabes beobachtet wurden.

Durch die bergmännischen Aufschlüsse wurden im interessierenden Bereich zwei Mulden festgestellt. Die erste verläuft bei Betrachtung des Teillageplanes (Anlage C) in ihrer Achse vom Streckenabzweig des 2. nördlichen Querschlages in Richtung auf den Abbau 7. Die zweite, 2 m unter die Stollensohle reichende Mulde wurde in ihrem Tiefsten am Damm der Vergasungsanlage angetroffen mit einer Achse etwa in Richtung auf Bohrloch 1.

Schließlich muß noch auf die Wasserzuflüsse hingewiesen werden. Messungen am Stollenmundloch des "Glückauf Phönix"-Stollens ergaben eine austretende Wassermenge von rund 2 m^3/min. Als wasserführende Schichten sind die Flöze und der Basalt anzusehen. Wie groß der Wasserzufluß in der Vergasungsanlage sein würde, war nicht vorauszusehen. Größere Wassermengen treten aus den Klüften der Kohle in das Grubengebäude ein. Im übrigen läuft das Wasser tropfenweise zusammen. Während des Frühjahrs und der Regenperioden sind die Wasserzuflüsse erfahrungsgemäß größer als zu anderen Jahreszeiten.

1.4 Zusammensetzung der Kohle und des Nebengesteins

Die Breitscheider Braunkohle besitzt eine braune bis pechschwarze Farbe und ist lignitisch, wie die holzige und zähe Struktur der einzelnen noch in ihrer Form erhaltenen Pflanzenreste beweist. Die oft sehr feuchte Braunkohle springt und reißt bei Trocknung auf der Halde nach allen Seiten auf und zerfällt schließlich in Kohlenklein. Im Flöz ist die Kohle so zäh und fest, daß sie durch Schießarbeit hereingewonnen werden muß. Sie hat das spezifische Gewicht 1,0 und bildet im Gegensatz zu anderen Braunkohlen nicht nur erdige Asche, sondern auch wegen des Gehaltes an Basaltstufen häufig eine Schlacke. Wie schon erwähnt, gewinnt die Westerwälder Braunkohle besonderen Wert, wenn sie zur Vergasung in Generatoren Verwendung findet, wie dies bei den "Burger Eisenwerken G.m.b.H." und bis vor kurzem bei der "Westerwälder Thonindustrie G.m.b.H." in Breitscheid der Fall war. Der Heizwert des dabei erzeugten Gases hat bis zu 1.650 kcal/Nm^3 betragen. Aus 1 kg Westerwälder Braunkohle wurden bis zur Stillegung der Grube "Glückauf Phönix" bei der Westerwälder Thonindustrie in Breitscheid im Generator etwa 3 m^3 Gas produziert. Das Generatorgas hatte folgende Analyse:

$$CO_2 = 6 - 8 \%$$
$$CO = 23 - 30 \%$$
$$O_2 = 0 - 8 \%$$
$$H_2 = 10 - 16 \%$$

Der Heizwert des Gases wird durchschnittlich mit 1.500 kcal/Nm^3 angegeben.

Aus dem zur Vergasung abgeteilten Block und auch auf den neu eingerichteten Abbauen wurden eine Menge Kohlenproben genommen und mit denen aus früherer Zeit verglichen. Die Stellen der Probeentnahme sind in Anlage F gezeigt. Außer der Probe von Punkt 5 stammen alle aus der Kohle des Hauptflözes. Von den 23 Proben, die in Anlage G zusammengestellt sind, wurde für die Kohle der Grube "Glückauf Phönix" folgender Durchschnitt errechnet:

H_2O [%]	Asche [%]	Brennbares [%]	Flüchtige [%]	Koks [%]	Kohlenstoff [%]	Ho kcal/kg	Hu kcal/kg
37,56	10,20	52,05	38,78	40,16	40,01	3.566	3.124

Eine Untersuchung des Schwelverhaltens der Kohle ergab folgende Werte (vgl. Anlage F):

Probe, Ort	Erweichungspunkt °C	Schmelzpunkt °C	Fließpunkt °C
1	1.105	1.175	1.235
4	1.300	1.383	1.490
Schuppen	1.173	1.325	1.490
Durchschnitt	1.191	1.294	1.405

Nicht uninteressant sind in diesem Zusammenhang einige Bemerkungen von KAYSER, wonach man schon im Jahre 1750 versucht hatte, die Braunkohle zu verkoken, um Koks zum Hüttenprozeß verwenden zu können. Dabei soll lufttrockene Braunkohle 35 % Koks geliefert haben.

Was das Nebengestein angeht, so lag eine alte Analyse, einer anscheinend aus dem Hangenden genommenen Probe, von der Firma Dr. C. Otto & Comp. aus dem Jahre 1946 vor:

$$CO_2 = 7,8 \%$$
$$SiO_2 = 41,0 \%$$
$$Al_2 + Fe_2O_3 = 20,5 \%$$
$$CaO = 10,3 \%$$
$$MgO = 4,7 \%$$
$$Rest = 15,7 \%$$

Im Rahmen der Versuchsvorbereitung konnte lediglich das Schmelzverhalten des Nebengesteins untersucht und es mit dem der Kohle verglichen werden. An dem liegenden geschieferten, sandigen Ton wurden im Stollen und im 3. nördlichen Querschlag drei Proben genommen, die folgende Ergebnisse brachten:

Probe, Ort	Erweichungspunkt [°C]	Schmelzpunkt [°C]	Fließpunkt [°C]
3. nördl. Querschlag	690	1.195	1.275
Stollen I	765	1.175	1.225
Stollen II	605	1.185	1.260
Durchschnitt	687	1.185	1.253

Aus dem hangenden blauen Ton stammten zwei Proben von den Punkten Nr. 15 und 16 (s. Anlage F):

Probe, Ort	Erweichungspunkt [°C]	Schmelzpunkt [°C]	Fließpunkt [°C]
15	1.260	1.390	1.460
16	1.280	1.400	1.460
Durchschnitt	1.270	1.395	1.460

Der Schmelzpunkt der Kohle lag also im Durchschnitt unter dem des Hangenden und über dem des Liegenden.

1.5 Kurze Beschreibung des Grubenfeldes und der vorhandenen Grubenbaue

Das Grubenfeld der Grube "Glückauf Phönix" (Anlage A) erstreckt sich über 5.349.700 m². Aus dem bis jetzt abgebauten Teil des Kohlenflözes über eine Fläche von 166.000 m² belief sich die Kohlenförderung auf 93.091 t. Man kann also damit rechnen, daß die durch geologische Störungen und Abbauverluste nicht gewinnbare Menge 44 % der Kohlenfläche ausmacht.

Der Phönix-Stollen wurde in den Jahren 1931 bis 1936 bis zum neuen Luftschacht (Anlage B) aufgefahren. Vom Stollenmundloch ab stehen 350 m in Betonformsteinausbau. Weitere 240 m haben eine Seitenmauer von 1 m Höhe. Ab 755 m stehen alle Strecken im Holzausbau. Der Stollen sollte den tiefsten Punkt des Grubenfeldes erreichen, war aber, wie sich herausstellte, mit Ansatzpunkt 477,3 m über NN noch nicht tief genug angesetzt, denn in Höhe des 2. nördlichen Querschlages durchschnitt er das Flöz und beim Bau der Vergasungsanlage wurde die Kohle schon 2 m unter der Stollensohle angetroffen. Zwischen diesen beiden Mulden liegt, wie schon erwähnt, ein Rücken, so daß die Kohle mit dem Stollen dort wieder unterfahren werden konnte.

Der neue Luftschacht war ebenfalls 1936 fertiggestellt. Seine Tiefe beträgt etwa 72 m. Er ist rund mit einem lichten Durchmesser von 1,60 m und mit einer 1-steinstarken Ziegelmauer ausgebaut. Der obere Teil des Schachtes ist versetzt. Man wollte vermeiden, daß Fremdkörper zur Schachtsohle geworfen werden konnten.

Alle Arbeiten wurden von Hand ausgeführt, auch das Bohren in der Kohle und im Nebengestein. Die Bergleute benützten Schneckenbohrer mit einer vom Grubenschmied gebogenen Schneide, welche sie sich mit einer Feile selber schärften. Die Kohle wurde in einer weichen Schicht unter dem Flöz mit besonderen, sehr leichten Schrämhacken im Knien oder Liegen unterschrämt.

Die Wetterführung war natürlich. Durch die Umstellung vom Winterzug auf Sommerzug oder an einzelnen Tagen trat vorübergehend Stagnation der Wetter ein. Das führte infolge der reichlich vorhandenen matten Wetter und nach dem Schießen oft zu recht beträchtlichen Betriebsstörungen. Diese konnten nach Aufstellung eines kleinen Lüfters am Stollenmundloch behoben werden. Der Lüfter wäre zweckmäßiger auf den Luftschacht gesetzt worden. Dort stand jedoch keine elektrische Energie zur Verfügung.

Die gelösten Grubenwässer liefen durch den Phönix-Stollen frei ab.

1.6 Versuchsziele

An dieser Stelle ist es wichtig zu erwähnen, und das muß ganz besonders betont werden, daß der Vergasungsversuch nur allgemeinen Forschungszwecken dienen sollte. Die Durchführung des Versuches war daher nicht ausschließlich auf die Verhältnisse des Westerwaldes zugeschnitten, sondern es sollten allgemeine Vorgänge bei der Untertagevergasung von Kohle untersucht werden. Das erzeugte Gas sollte lediglich auf seine Verwendungsmöglichkeit untersucht, aber nicht weiter verwendet werden.

Für den Versuch bei Breitscheid sollten im Vergleich zu früheren Versuchen einige neue und z.T. andersartige Wege beschritten werden. Sie waren bisher in der Praxis noch unerprobt und in ihrer Anwendung aus der deutschen Bergbautechnik heraus entwickelt. In Breitscheid sollte untersucht werden, ob

1. sich die dortige Braunkohle überhaupt für Untertagevergasung eignet,

2. die Kohle im Bereich der Anlage ohne Inselbildung restlos vergast,

3. eine Regulierung des Vergasungsvorganges möglich ist,

4. mit reiner Luft als Vergasungsmittel ein Gas von durchschnittlich 1.000 kcal/Nm^3 erzeugt werden kann,

5. das produzierte Gas technisch verwendbar ist,

6. der Vergasungsvorgang ohne Feuerstrecke allein in den Schrumpfungsrissen der Kohle möglich ist,

7. sich die Risse innerhalb des Flözes sehr wesentlich über die Begrenzung der Anlage ausdehnen,

8. Spalten zur Tagesoberfläche entstehen, welche den Vergasungsprozeß beeinträchtigen,

9. die Temperaturbildung für Wassergasreaktionen ausreichend ist,

10. die Vorwärmung des Vergasungsmittels in einem durch den Betrieb der Anlage erhitzten Streckenquerschnitt wirksam wird,

11. ein guter Vergasungswirkungsgrad ohne Umkehr der Strömungsrichtung des Vergasungsmittels erreicht werden kann,

12. der Vergasungsablauf bei Verzicht auf Kompression des Vergasungsmittels vor Eintritt in die Anlage aufrecht erhalten werden kann und Prüfung, ob für den Strom des Vergasungsmittels der natürliche Zug einer als Kamin wirkenden, 200 mm ∅, 70 m langen Bohrlochverkleidung im Schacht ausreicht und wie weit ein saugender Ventilator evtl. noch erforderlich ist,

13. durch das Heißwerden die Dachschichten zum Schmelzen kommen, plastisch werden und eine Volumenerweiterung des Hangenden eintritt,

14. sich das Hangende, auch sonst wie erwartet und im nachfolgenden Plan geschildert, verhält,

15. die Möglichkeit besteht, die bei der Vergasung eines Flözes sonst an das Nebengestein verlorengehende fühlbare Wärme zur Schwelung eines wenige Meter darüberliegenden oberen Flözes zu verwenden, um dadurch aus dem oberen Flöz eine gleichmäige Produktion von zusätzlichem hochwertigem Schwelgas zu erlangen,

16. eine Nachvergasung des Schwelkokses im oberen Flöz zweckmäßig ist,

17. und wie weit sich die Tagesoberfläche entsprechend dem entstandenen Hohlraum absenkt,

18. sich in die Erde eindringendes Regenwasser auf den Vergasungsprozeß auswirkt,

19. bisher unbekannte Tatsachen bemerkbar werden.

Die für einen solchen Versuch gesteckten Ziele ließen sich selbstverständlich nicht durch Arbeiten im Laboratorium erreichen, da unterirdische Verhältnisse in der Praxis nicht dorthin übertragbar sind. Deshalb war ein Feldversuch unbedingt notwendig. Erst wenn die eben erwähnten Grundbedingungen bekannt waren, konnte entschieden werden, ob es unter der Voraussetzung günstiger Versuchsergebnisse zweckmäßig ist, weitere Untersuchungen anzuschließen mit dem Ziel, die technischen und wirtschaftlichen Voraussetzungen für den Bau von industriellen UtV-Anlagen kennen zu lernen.

1.7 Überlegungen für die Vorrichtung der Versuchsanlage

1.71 Führung der Vergasungsfront und Absenkung des Hangenden

Bisher stand man auf dem Standpunkt, für die unterirdische Vergasung von Kohle sei eine Feuerstrecke oder zumindest eine Kohlenfront an einem Strömungskanal erforderlich. Hier sollen die Vergasungsreaktionen stattfinden. Während der zunehmenden Vergrößerung des ausgebrannten Teiles und der daraus resultierenden Verbreiterung des Strömungskanals werden die Gase dann aber nicht mehr in der gewünschten Weise an den Kohlenstoß herangeführt und können daher auch mit der Kohle nicht mehr so intensiv reagieren wie es erforderlich ist. Hierdurch tritt bekanntlich ein Nachlassen der Gasqualität ein, die sich umso nachteiliger auswirkt, je größer der Hohlraum wird und je länger es dauert, bis sich das Hangende in geeigneter Form absenkt, so daß der Hohlraum sich verkleinert und der Gasstrom wieder dichter an den Kohlenstoß herangedrängt wird. Das ist von allen Kennern der UtV und auch durch den Verfasser recht ausgiebig dargelegt worden. Aus diesem Grunde sollte bei der Breitscheider Versuchsanlage auf eine Feuerstrecke im herkömmlichen Sinne überhaupt verzichtet werden.

Da es sich bei der Grube "Glückauf Phönix" um eine relativ gasreiche Kohle handelte, war damit zu rechnen, daß diese bei Erwärmung und Austreiben der flüchtigen Bestandteile eine wesentliche Volumenverringerung erfährt. Entsprechende Vorversuche mit Breitscheider Kohle, ausgeführt im August 1958 (von Herrn Dr. GROH) im Labor der Braunschweigischen Kohlenbergwerke (BKB), zeigten, daß bei 520 °C eine Schrumpfung des Volumens auf 74,1 % und bei 900 °C eine auf 58,5 % eintrat. Wenn auch die im N_2-Strom im Leitz-Apparat erhaltenen Werte nur Annäherungswerte sein können, so war doch die Volumenverringerung der Kohle erwiesen.

Es konnte angenommen werden, daß sich das Kohlengerüst bei dem geringen Druck durch das wenig mächtige und verhältnismäßig starre Deckgebirge zunächst noch in der ursprünglichen Form erhielt. Aller Voraussicht nach würde sich dann die Volumenverringerung in einer weitverzweigten und sehr intensiven Schrumpfungsrißbildung innerhalb der Kohle selbst auswirken müssen (vgl. Abb.2).

In Anlehnung an früher bei der unterirdischen Vergasung von Kohle mit hohem Gasgehalt gemachten Erfahrungen waren diese Risse nach Ansicht des Verfassers ausreichend, um darin einen Gasstrom zuzulassen. Bei Untertagevergasungsversuchen in England hatte man z.B. sogar Gasströmung innerhalb eines noch unverritzten Kohlenflözes über 80 m und mehr beobachtet. Durch die feine Verästelung der Risse könnten die sich dort bewegenden heißen Gase ohne Zweifel viel nachhaltiger und besser mit der Kohle reagieren als an glatten Kohlenfronten in breiten Strömungskanälen.

Infolge der noch recht ungeklärten Vorgänge bei der UtV von Kohle stehen viele Experten auf dem Standpunkt, daß dabei überhaupt keine Reduktion von Kohlendioxyd zu Kohlenmonoxyd an einer Kohlenfront stattfindet und das bei den bisherigen Versuchen erhaltene Endgas nur eine Mischung aus Verbrennungsgas und den durch die Hitze in der Vorwärmzone ausgetriebenen flüchtigen Bestandteilen der Kohle ist. Selbst wenn sich die-

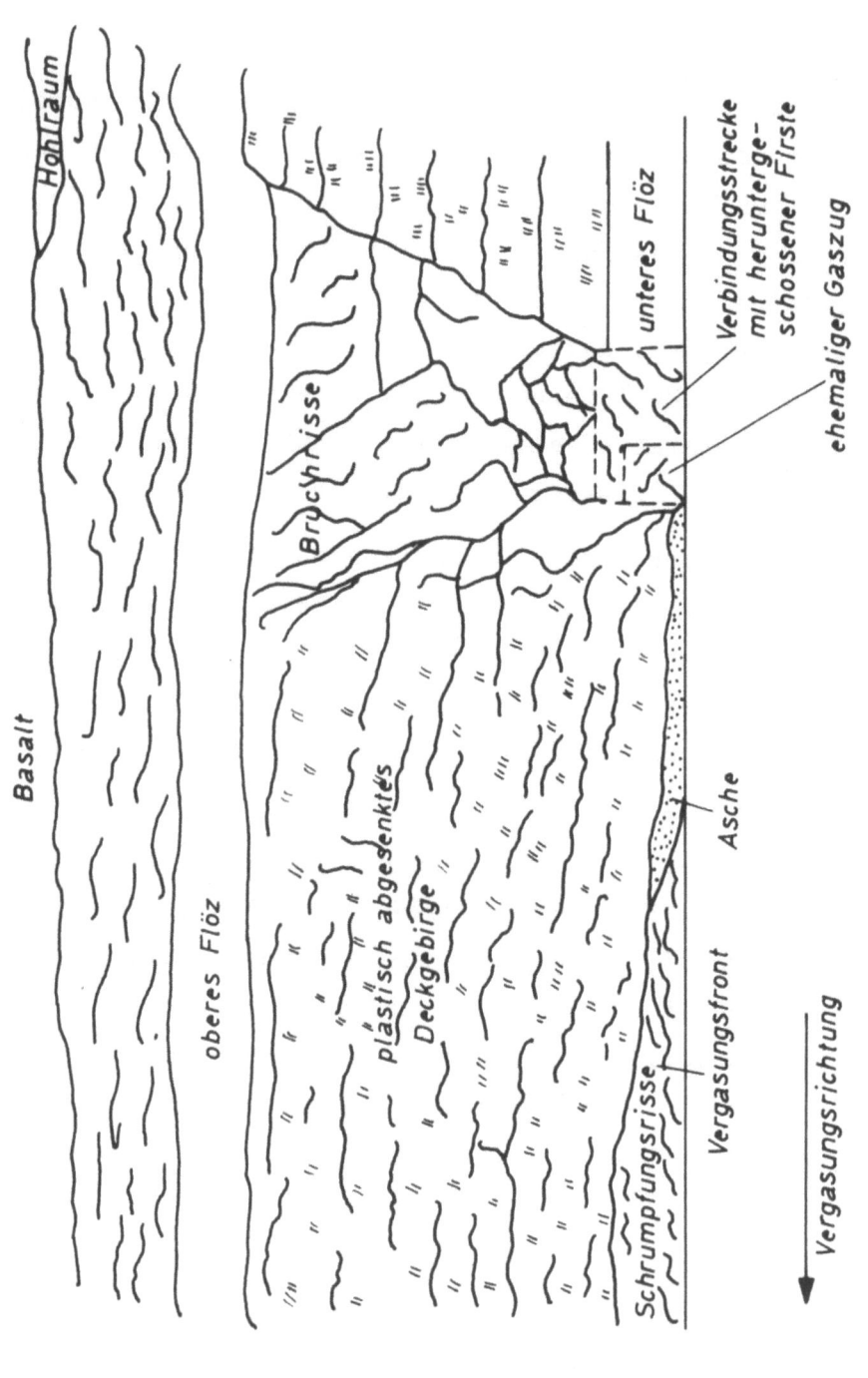

Abbildung 2

Längsschnitt durch das Vergasungsfeld

se Ansicht als richtig erweisen sollte, so könnte bei der Breitscheider Versuchsanordnung mit Absaugung der Gase infolge der starken Rißbildung die Kohle besser entgasen, ehe sie durch die nachfolgende Feuerfront verbrennt.

Wegen des relativ hohen Eigengehaltes an Sauerstoff in der Kohle sollte versucht werden, für die Aufrechterhaltung des Brandes die Zuführung von Frischluft mit 78 % Stickstoff weitgehend einzuschränken. Auf diese Weise würde das Endgas vielleicht nicht so durch den Stickstoffgehalt des Vergasungsmittels verdünnt werden. Die Breitscheider Kohle zeichnet sich nämlich durch außerordentlich starke Glimmfähigkeit bei gedrosselter Sauerstoffzufuhr aus.

Eine wesentliche Aufgabe des geplanten Versuches sollte es sein, diese Zusammenhänge zu untersuchen und die Überlegungen mit der Praxis in Einklang zu bringen. Die Versuchsanlage mußte also unter Berücksichtigung dieser Gesichtspunkte so eingerichtet werden, daß ein einmal eingeleiteter gleichmäßiger Gasstrom innerhalb der Trocknungsrisse des Kohlenflözes zu einem nach über Tage ausziehenden Kanal fortwährend erhalten blieb. Hierdurch sollte im Gegensatz zu den früher in anderen Ländern gemachten Versuchen erreicht werden, über die Versuchszeit ein sich in Qualität und Quantität weniger veränderndes Gas zu erhalten. Um jedoch die beabsichtigte Gasströmung innerhalb der Kohlenrisse in der gewünschten Weise aufrecht erhalten zu können, würde es dringend notwendig werden, das Hangende im Verlaufe des Versuches so zu beherrschen, daß es sich unmittelbar auf den nach bisheriger praktischer Erfahrung schräg gestellten, mit Asche und Schlacke bedeckten Kohlenstoß auflegt. Dies sollte erreicht werden, indem der Gesteinsverband in der Firste, der für die Vorrichtung der Anlage erforderlichen, aber für den Betrieb der Anlage überflüssigen Verbindungsstrecke (vgl. Abb.2 und 3), vor dem Versuch durch Sprengschüsse zertrümmert werden sollte.

Damit sich nach dem Zünden der Kohle für den Anfang überhaupt ein Gaszug an der Kohlenfront entlang ausbilden konnte, war am Kohlenstoß der Verbindungsstrecke eine kleine Aussparung vorgesehen, in der die Gase auch nach Herunterschießen der Firste der Verbindungsstrecken zunächst einmal strömen konnten (vgl. Abb.3).

Sobald das ausgebrannte Feld neben der Verbindungsstrecke groß genug ist, sollte von dorther, wie beim Strebbruchbau, das durch die Sprengschüsse zu diesem Zwecke angebrochene Hangende - nun wegen des weit ausgebrannten

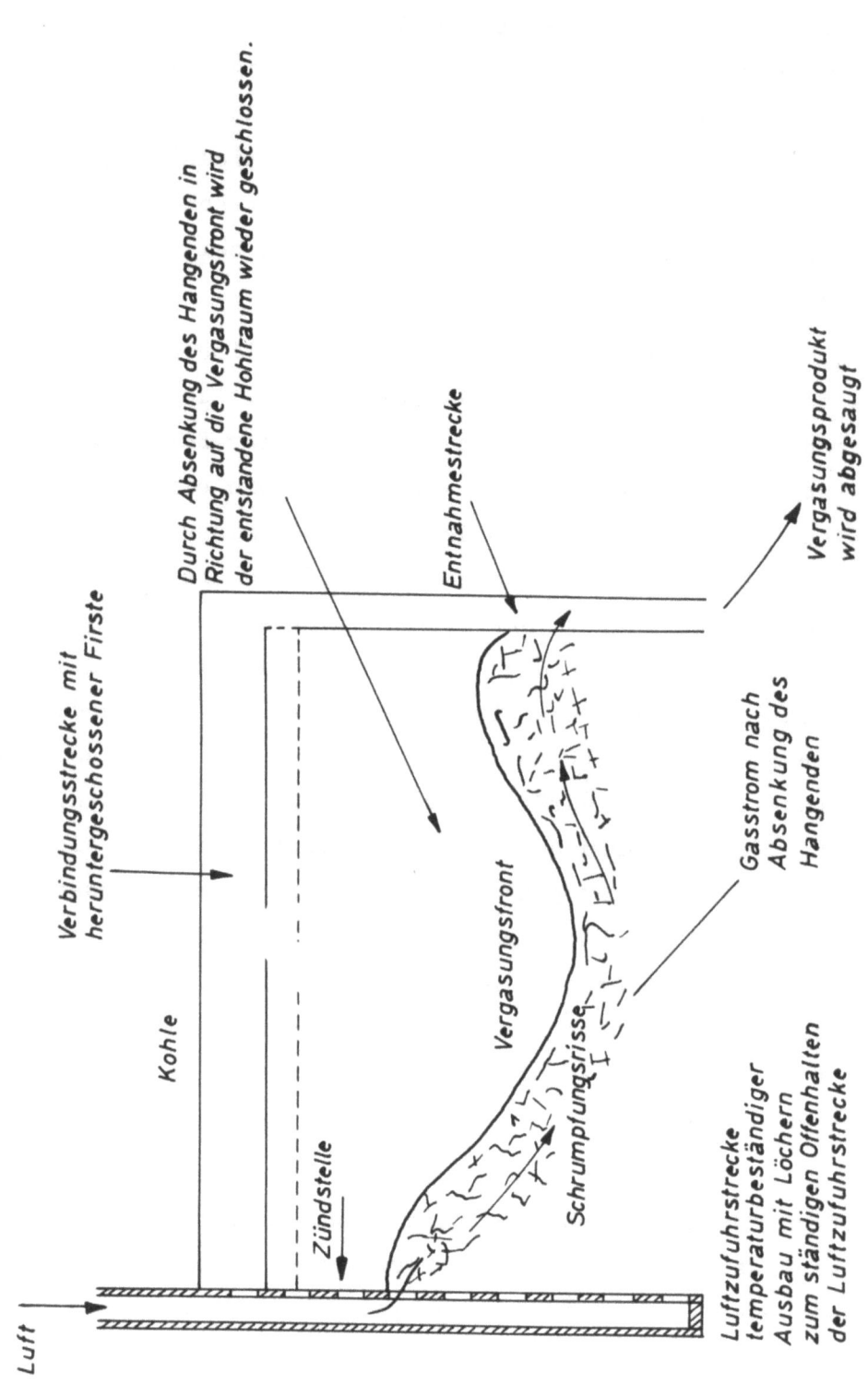

Abbildung 3

Grundriß des Vergasungsfeldes

Hohlraumes und der fehlenden Stützung durch die Kohle - in Richtung auf die Vergasungsfront nachbrechen. Es war geplant, auf diese Weise die erwünschte gleichmäßige und feste Auflagerung der durch die Hitze voraussichtlich auch plastisch gewordenen Hangendschichten auf den Kohlenstoß einzuleiten.

Abbildung 2 zeigt im Prinzip, wie ein Schnitt durch die Feuerfront der Anlage in Betrieb dann aussehen soll. Der Strom der reagierenden Gase bewegt sich danach also in den Rissen der Kohle unter dem Aschenpolster in die Bildebene hinein. Wahrscheinlich würden bei dem ersten Bruch über der Verbindungsstrecke weiter in das Hangende reichende Risse nicht ganz zu vermeiden sein. Infolge der tonigen und lettigen Beschaffenheit starker Schichten unter dem festen Basalt im Deckgebirge war anzunehmen, daß sich die Risse höchstens bis zu diesen, jedoch kaum bis über Tage durchsetzen würden. Für das unmittelbare Hangende war auch im Falle des Vorhandenseins weniger plastischer Schichten damit zu rechnen, daß diese über der Vergasungsfront der großen Hitze wegen unter gleichzeitiger Volumenvergrößerung anschmelzen und formbar werden. Das hatte ja auch der erste Versuch in Gorgas gezeigt. Ein Vorversuch im Labor der Frankschen Eisenwerke hatte gezeigt, daß die Breitscheider Braunkohle im frisch gebrochenen Zustand leicht eine Temperatur von 1.400 $^{\circ}$C bei der Verbrennung erreicht. Die Untersuchungen des Schmelzverhaltens der hangenden Schichten durch die BKB hatte bekanntlich einen Schmelzpunkt von 1.395 $^{\circ}$C ergeben. Aus diesem Grunde bestand nach Ansicht des Verfassers keine besondere Gefahr für die Gasdichtigkeit der Anlage, da die Risse wieder zuschmelzen konnten und zumal auch in den Rissen und Poren des Gebirges ein Gleichgewicht zwischen Wasserdampfdruck und unter hydrostatischem Druck stehendem Gebirgswasser erwartet wurde.

Im weiteren Verlauf des Vergasungsvorganges sollte die Durchsenkung des Hangenden dem Vergasungsfortschritt kontinuierlich folgen und sich die Dachschichten mit der sich bildenden Asche plastisch und dicht auf den schrägen Kohlenstoß der Vergasungsfront laufend auflegen, so daß die Vergasungsluft stets gezwungen wäre, dem Sog aus der Entnahmestrecke folgend, durch die Schrumpfungsrisse zu strömen. Weiteres über das erwartete Verhalten der Dachschichten wird in anderem Zusammenhang weiter hinten ausgeführt.

Es war geplant, den Luftzufuhrkanal mit einer temperaturbeständigen, in Abständen durchbrochenen Mauer fest auszubauen (vgl. Abb.3), damit er auch während des Absenkungsvorganges des Hangenden stets offen blieb.

Von dieser starr ausgebauten Strecke sollte das Versuchsfeld nach Beendigung des Versuches für Anschauungszwecke leicht zugänglich gemacht werden.

Auf Grund der damaligen Erfahrungen war wohl sehr damit zu rechnen und es auch erwünscht, daß sich das Feuer während des Versuches in bestimmten Grenzen über die Entnahmestrecke hinaus in den anlageabseitig gelegenen Kohlenstoß hinein ausdehnte. Auf diese Weise könnte sich das hinter der Vergasungsfront absenkende Hangende dort auch plastisch und ohne Entstehung einer scharfen Bruchkante besser auf die Asche auflegen. Gleichzeitig würde sich aufgrund dessen auch die Entnahmestrecke hinter der Vergasungsfront gut schließen. Dies ist zum besseren Verständnis in Abbildung 4 noch einmal zeichnerisch dargestellt.

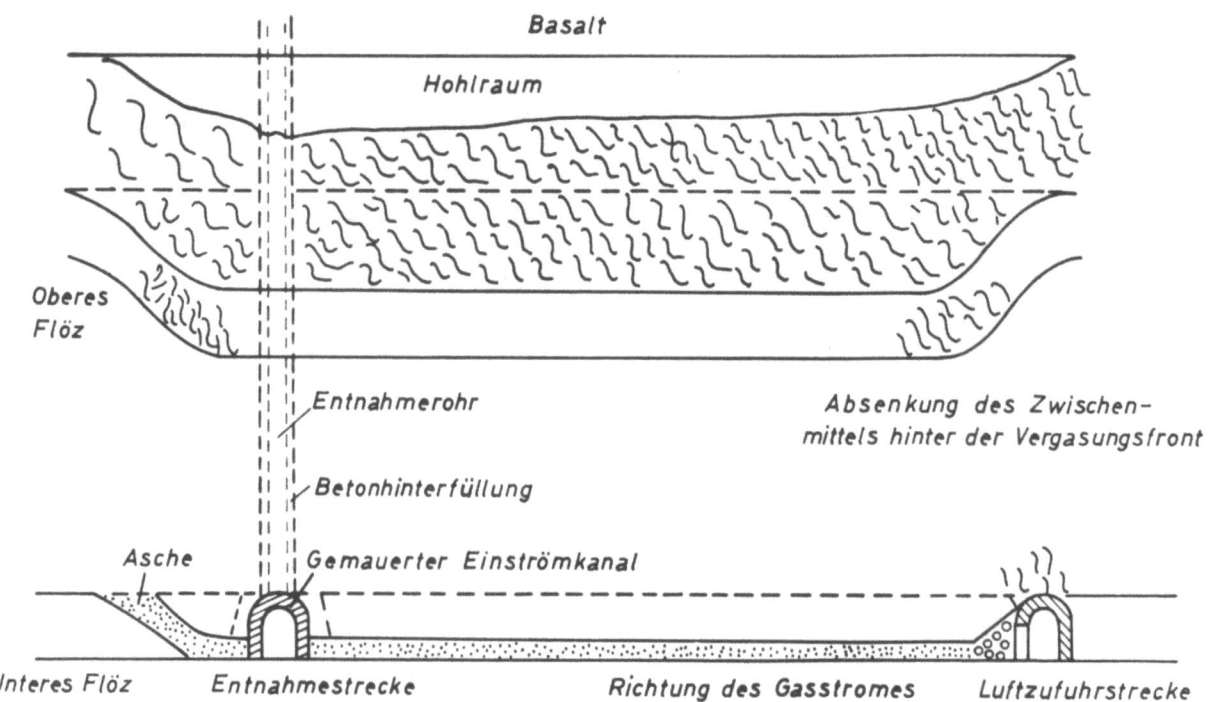

Abbildung 4

Querschnitt durch das Vergasungsfeld

Blick von der Verbindungsstrecke her. Das Hangende hat sich abgesenkt und die Entnahmestrecke ist hinter der Vergasungsfront verfüllt. Auch links der Entnahmestrecke ist die Kohle vergast und bildet schräge Auflage für Hangendes. Gestrichelt angedeutet ist im Hintergrund der noch nicht abgesenkte Teil vor der Vergasungsfront mit Entnahmestrecke, gemauertem Einströmkanal und Entnahmerohr mit Einmündung in die Entnahmestrecke.

Bekanntlich entstehen Risse im Nebengestein vorwiegend nur dort, wo Vergasung oder Verbrennung bereits stattgefunden hat. Mit unerwünschter Rißbildung im Nebengestein muß man - wie schon berichtet - bei allen Untertagevergasungsanlagen rechnen und sie auch nach Möglichkeit bei Planungen berücksichtigen. Daraus resultierte das besondere Bestreben für den Breitscheider Versuch, alle brennbaren Gase durch Sog sich nur innerhalb der Kohlenrisse bewegen zu lassen. Das überlagernde Deckgebirge würde dort noch am wenigsten beansprucht sein. Die Absenkung des Hangenden wäre dann so zu führen, daß sich auch die Entnahmestrecke hinter der Vergasungsfront durch Auflage der Dachschichten und infolge der Hitze plastisch gewordenen Gesteins sofort zusetzt. So schienen überlegungsmäßig Gasverluste oder Vermischung des erzeugten Gases mit evtl. auftretender Nebenluft am wenigsten möglich.

1.72 Der Gasstrom

Als Vergasungsmittel war zunächst nur reine Luft vorgesehen, weil nach Ansicht des Verfassers für deutsche Verhältnisse auch bei evtl. späteren industriemäßigen Großvergasungsanlagen reiner Sauerstoff zu teuer ist. Durch die Luftzufuhrstrecke sollte die Vergasungsluft an die Kohle herangeführt werden (vgl. Abb.3 und 4). Dort sollte der Luftsauerstoff die Kohle verbrennen und die für eine Rißbildung im Flöz und die Gasproduktion erforderliche Wärme erzeugen. Wie ferner aus Abbildung 3 hervorgeht, sollte die Versuchsanlage im Gegensatz zu ähnlichen bis z.Zt. der Planung in Betrieb gewesenen Anlagen so vorgerichtet werden, daß die zugeführte Vergasungsluft vor der Reaktion die heiße Zone hinter der Vergasungsfront passieren mußte. Dort sollte sie sich insbesondere an heißen, feuerfesten Steinen des Ausbaues vorwärmen. Hierdurch würden ohne Zweifel bessere Vergasungsbedingungen geschaffen.

Die Bewegung der Gase sollte zuerst durch einen über Tage am Entnahmerohr befindlichen saugenden Ventilator und einen am Luftzufuhrstutzen angebrachten blasenden Ventilator eingeleitet werden. Bei längerem Betrieb der Versuchsanlage sollte dann versucht werden, auf die Ventilatoren zu verzichten und das Entnahmerohr als Kamin wirken zu lassen. Die Beherrschung des Gasstromes sowie die Vor- und Nachteile des saugenden Verfahrens sind in der Theorie früher schon sehr ausführlich behandelt worden.

Für die Regulierung des Gasstromes und der Gasdrücke war der Einbau von Blenden an den Gebläsen vorgesehen. Eine elektrische Stufenschaltung wäre wohl angenehmer, aber dafür wesentlich teurer gewesen. Selbstverständlich sollte bezüglich der Gasströmung erst der Versuch lehren, ob die Strömungswiderstände auf den gewünschten Strömungswegen - also in den Schrumpfungsrissen - kleiner sind als auf den unerwünschten. Im Ganzen gesehen wird es natürlich als Vorteil angesehen, mit geringen Strömungswiderständen arbeiten zu können. Dem mußte bei der geplanten Gasstromführung in den Kohlenrissen besonders Rechnung getragen werden.

1.73 Das kombinierte Verfahren

Ebenso wie die Idee, die Vergasungsreaktionen in Schrumpfungsrissen innerhalb des Flözes ohne eigentlichen Strömungskanal (Feuerstrecke) stattfinden zu lassen, neu war, so war der Gedanke an ein kombiniertes Verfahren, von Vergasung eines unteren Flözes und Ausnützung der an das Nebengestein verlorengehenden Wärme zur Schwelung eines durch wenige Meter starkes Zwischenmittel abgetrenntes oberes Flöz auch noch nicht erprobt.

Ganz unabhängig von den bisher geschilderten Überlegungen für die Planung der Breitscheider Untertagevergasungsanlage sollte das obere Flöz zur Verschwelung vorgerichtet werden, um die als Verlust an das Zwischenmittel abgegebene Wärme noch auszunützen. Voraussetzung war natürlich, daß die geologischen Gegebenheiten es zuließen und das Zwischenmittel zwischen unterem oberem Flöz nicht mehr als 5 bis 6 m betrug. Auf diese Weise sollte die Verlustwärme in Form chemisch gebundener Energie durch die Schwelgase - sozusagen als Nebenprodukt - wiedergewonnen werden. Der Gedanke hierfür kam dem Verfasser beim Studium des Versuchsberichtes über die UtV-Anlage "Gorgas 2", wo sehr bemerkenswerte Untersuchungen hinsichtlich der an das Hangende abgegebenen Temperaturen gemacht worden waren. Dabei war noch 6 m über der ehemaligen Feuerfront eine Temperatur von 545 °C gemessen worden. Eine Verschwelung des oberen Flözes erschien deshalb technisch möglich.

Wichtig war dabei, den Versuch zum Verschwelen des oberen Flözes so vorzurichten, daß sich keine Auswirkungen auf den Vergasungsablauf im unteren Flöz zeigten, da die Vergasung des unteren Flözes als eigentlicher Hauptversuch angesehen werden und die Verschwelung des oberen Flözes nur als eine evtl. angenehme Zugabe erscheinen sollte. Die Anwendung dieses kombinierten Verfahrens berechtigte natürlich zu Erwartungen auf ein hochwertiges Schwelgas, wenn es gelänge, den Schwelvorgang unter weitgehendem Luftabschluß aufrecht zu erhalten. Dabei konnte angenommen werden, daß die Wärmeabgabe an das Hangende bei der Vergasung im unteren

Flöz durch die aufsteigenden Wasserdämpfe - im Gegensatz zur gleichmässigen konzentrischen Wärmeabgabe an eine unendlich dicke Wandung eines Strömungskanals - größer ist als an das Liegende oder an die Stöße.

Ferner konnte man in Betracht ziehen, daß die im Zwischenmittel aufgespeicherte Wärme, ohne Rücksicht auf Schwankungen des Vergasungsablaufes im unteren Flöz, verhältnismäßig gleichmäßig an das zu verschwelende obere Flöz wieder abgegeben wird, und damit keine kurzzeitigen nennenswerten Temperaturschwankungen für den Verschwelungsprozeß auftreten. Begünstigt werden sollte dieser Vorgang durch die im Vergleich zum Gestein zu erwartende schlechtere Wärmeleitfähigkeit der Kohle. Im oberen Flöz müßte eine Wärmedämmung eintreten, daher sollte das Zwischenmittel dann ähnlich wie ein unter das Flöz ausgebreitetes Heizkissen wirken. Demzufolge würde vielleicht die Verschwelung des oberen Flözes im Gegensatz zu der bisher bei der Untertagevergasung gemachten Erfahrung, ein in Anlieferung und Qualität gleichmäßigeres Gas erhoffen lassen. Das Zwischenmittel zwischen oberem und unterem Flöz bei der Grube "Glückauf Phönix" besteht, wie bekannt, aus lettigen, also plastischen Schichten, so daß mit Rißbildung und Luftzufuhr in die obere Gasabzugsstrecke (vgl. Abb.5) nicht in großem Maße zu rechnen war. Hierdurch sollten die Verschwelungsbedingungen erhalten bleiben.

Wenn sich das obere Flöz bei unerwarteter Luftzufuhr jedoch entzünden sollte, so könnte der Versuch gemacht werden, das obere Flöz mitzuvergasen oder dort die Entnahme zu drosseln. Dadurch wäre ein Luft- oder Gasstrom zum und im oberen Flöz nicht mehr möglich. Abbildung 5 zeigt einen Schnitt durch das Gebirge und schematisch wie das kombinierte Verfahren gedacht ist.

Durch die Vergasung des unteren Flözes mit künstlich eingeleiteter Absenkung des Hangenden - in diesem Falle des Zwischenmittels - müßte sich die Absenkung theoretisch bis zur Tagesoberfläche durchsetzen. Damit war aber bei der relativ kleinen Fläche der Vergasungsanlage und infolge der mächtigen und starren Basaltdecke im Hangenden nicht zu rechnen. Eine Absenkung der Tagesoberfläche war nur bei einem Bruch der Decke in mindestens drei sich schneidenden Linien über der infrage kommenden Fläche denkbar. Ein solcher Fall war aber auch nach den bisherigen bergmännischen Erfahrungen im Westerwälder Braunkohlenbergbau - sogar bei Öffnung weit größerer Hohlräume als der geplante - noch nirgends eingetreten und unter den gegebenen Umständen auch statisch nur mit starker Verformung des Gebirges möglich, für welche bei dem harten Material die Drücke nicht

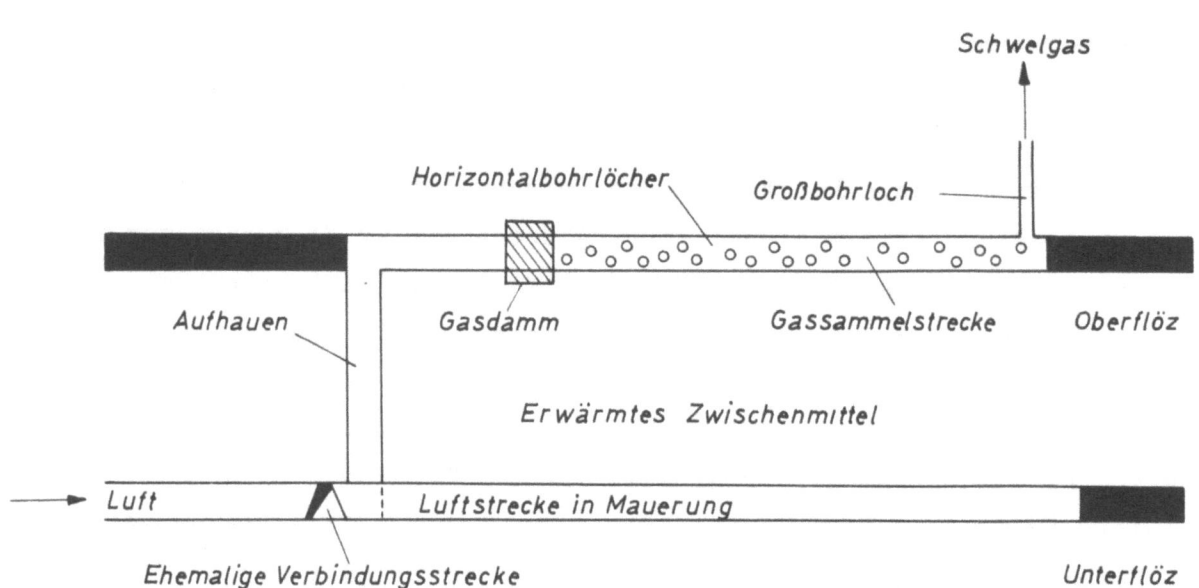

Abbildung 5

Schematische Darstellung des kombinierten Verfahrens

Profil durch die Anlage mit Blickrichtung von der Luftstrecke her. Schwelgase werden durch Horizontalbohrlöcher in der Gassammelstrecke gesammelt und durch ein Großbohrloch nach über Tage geleitet.

ausreichten. Es war daher mit Bestimmtheit zu erwarten, daß die Schichten irgendwo zwischen unterem Flöz und Deckbasalt wegen der Absenkung des Hangenden über der Vergasungsfront abrissen und sich im Gebirge Hohlräume bildeten. Nach Auffassung des Verfassers waren die Voraussetzungen für ein Abreißen der Schichten am ausgeprägtesten im oberen Flöz selbst gegeben, denn die Kohle würde vermutlich während des Versuches durch die Temperatureinwirkung sehr mürbe werden.

Für die Ermöglichung des Schwelprozesses wäre ein, wenn auch mit lockerem Gestein ausgefüllter Hohlraum im Bereich des oberen Flözes sehr erwünscht, damit sich die Schwelgase dort sammeln und dann durch die hierfür vorgesehenen Horizontalbohrlöcher (vgl. Abb.5) zur Gassammelstrecke strömen könnten. Von da aus sollten sie durch ein Entnahmerohr entweder durch den entstehenden Überdruck austreten oder abgesaugt werden. An dieser Stelle erscheint es angebracht, einmal darauf hinzuweisen, daß auch nach HEISSE-HERBST-FRITSCHE ähnliche natürlich gebildete Hohlräume mit Gasansammlung recht häufig anzutreffen sind.

Selbst, wenn sich aber auch das geplante kombinierte Verfahren in der geschilderten Weise nicht anwenden lassen würde, wäre die obere Gassammelstrecke mit den Horizontalbohrlöchern über dem Vergasungsfeld des unteren Flözes für die Überwachung und Untersuchung des Versuchsablaufes von Bedeutung. Es war geplant, dort Temperaturmessungen im Hangenden der Anlage vorzunehmen. Ferner sollte versucht werden, auf diese Weise die über einer Vergasungsanlage in Poren und Risse des Gebirges eintretenden Gase mengen- und qualitätsmäßig zu erfassen. Derartige Untersuchungen waren bei keinem der bisher in anderen Ländern durchgeführten UtV-Versuche angestellt worden, obwohl sie nach Ansicht des Verfassers von außerordentlicher Wichtigkeit für das Verfahren überhaupt sind.

1.74 Zusammenfassung der Überlegungen

Zusammenfassend kann gesagt werden, daß die Lebensader für den Betrieb der Versuchsanlage der Hauptgasstrom durch das untere Flöz sein sollte, welcher von der Luftzufuhrstrecke durch die Schrumpfrisse im unteren Flöz zur Entnahmestrecke und von dort durch das Hauptentnahmerohr nach über Tage strömen sollte. Eine Vorwärmung der Vergasungsluft würde an dem durch den Brand erhitzten, feuerfesten Ausbau und den Verbrennungsrückständen stattfinden. Von der Vergasungsfront sollte das produzierte Gas dann durch Sog oder Druck über die Entnahmestrecke in das Hauptgasrohr einströmen. Der Hauptgasstrom würde durch die Gebläse und Blenden gesteuert werden, wobei die Temperaturbildung eine Funktion der Sauerstoffzufuhr wäre. Abhängig von der Temperatur wäre wiederum die Beschaffenheit des an der Entnahmeseite mit einem entsprechenden Wärmeinhalt austretenden Gases.

Das sich beim kombinierten Verfahren durch Konvektion und Wärmeabstrahlung an das Zwischenmittel im oberen Flöz unter möglichst weitgehenden Sauerstoffabschluß bildende Schwelgas sollte durch das mit Regulierventil und saugendem Ventilator versehenen Schwelgasrohr ebenfalls nach über Tage abgezogen werden. Hierbei sollte beachtet werden, daß im Bereich der erwarteten Hohlräume kein Über- oder Unterdruck entsteht und weiter die Vorgänge im oberen Flöz keinen Einfluß auf den Vergasungsablauf im unteren Flöz und den dortigen Strom der Gase nehmen.

Nach einer gewissen Zeit des Betriebes der Anlage wurde das Einstellen eines Strömungsgleichgewichtes durch die Kaminwirkung der Entnahmerohre erhofft, wodurch sich dann die Verwendung der Gebläse erübrigen könnte.

Dem Einwand, es könnte infolge von Rissen im Zwischenmittel Vergasungsluft bzw. Gas vom unteren in das obere Flöz oder auch in das Nebengebirge eindringen, war zu entgegnen, daß sich der Gasstrom immer auf dem Wege des geringsten Strömungswiderstandes bewegt. Daher sollte durch den Sog am Hauptentnahmerohr die Vergasungsluft eher zur Entnahmestrecke hingezogen werden als durch das Zwischenmittel hindurch zum oberen Flöz oder in die Poren und feinen Risse des Gebirges strömen.

Inwieweit hier die theoretischen Überlegungen den praktischen Möglichkeiten entsprachen, konnte der Versuch nur selber zeigen. Es erschien einfach unmöglich, Prognosen in irgendeiner Hinsicht, sowohl für die Gaserzeugung in den Schrumpfrissen des unteren Flözes als auch für die Art des Schwelgases aus dem oberen Flöz vor dem Versuch durch Beweis zu festigen. Ferner mußte auch die Beantwortung der Frage, den voraussichtlich als Rückstand im oberen Flöz verbleibenden Koks anschließend in einem zweiten Gang zu vergasen, der Praxis überlassen bleiben.

2.0 Bau der Vergasungsanlage

2.1 Plan

Am 1.3.1958 war der Punkt erreicht, von dem aus die Vergasungsanlage angesetzt werden konnte und zwar am Bremsberg im 3. nördlichen Querschlag. Im folgenden soll nun der Plan für den Bau der Anlage geschildert werden.

2.11 Strecken und Dämme

Die geplante Anordnung der Strecken ist aus den Anlagen C und F zu ersehen. Es war vorgesehen, sie in den dort üblichen Dimensionen von etwa 4 m^2 aufzufahren. Lediglich die Luftstrecke und die Strecke im Oberlager sollten einen kleineren Querschnitt haben. Über die Mauerung der Luftstrecke wird besonders berichtet.

Der Damm im Oberlager sollte 1,5 m lang in das Gebirge eingespitzt werden und aus zwei Schamottesteinmauern bestehen, zwischen die, wie gleich beim Hauptdamm geschildert, Ton eingestampft werden konnte.

Der Hauptdamm sollte in 5,5 m Länge in das Gebirge eingespitzt werden und aus drei Abteilungen bestehen. Von dem Vergasungsort her betrachtet war zunächst eine 120 mm starke Schamottesteinmauer vorgesehen, der in 1,5 m Abstand eine zweite folgte. Der Zwischenraum, also die erste Kammer konnte mit bei der Westerwälder Thonindustrie verfügbaren Tonbatzen unter festem Stampfen ausgefüllt werden. Die durch die nächste Steinmauer entstehende Kammer sollte Schiefermehl und die letzte Kammer wieder Ton enthalten.

Der Damm mußte durchbrochen werden für: 1. die Luftzufuhr, 2. ein Mannloch zum Durchklettern, an dem durch eine besondere Anordnung eine Explosionskappe befestigt war, 3. die Durchleitung des hinter dem Damm anfallenden Wassers, 4. Rohre zur Aufnahme der Ausgleichsleitungen der Thermoelemente, 5. zwei Rohre für die Beschickung des Propanbrenners und des Zünders sowie 6. ein Schnüffelrohr. Der Querschnitt durch den Damm ist in Abbildung 6 gezeigt.

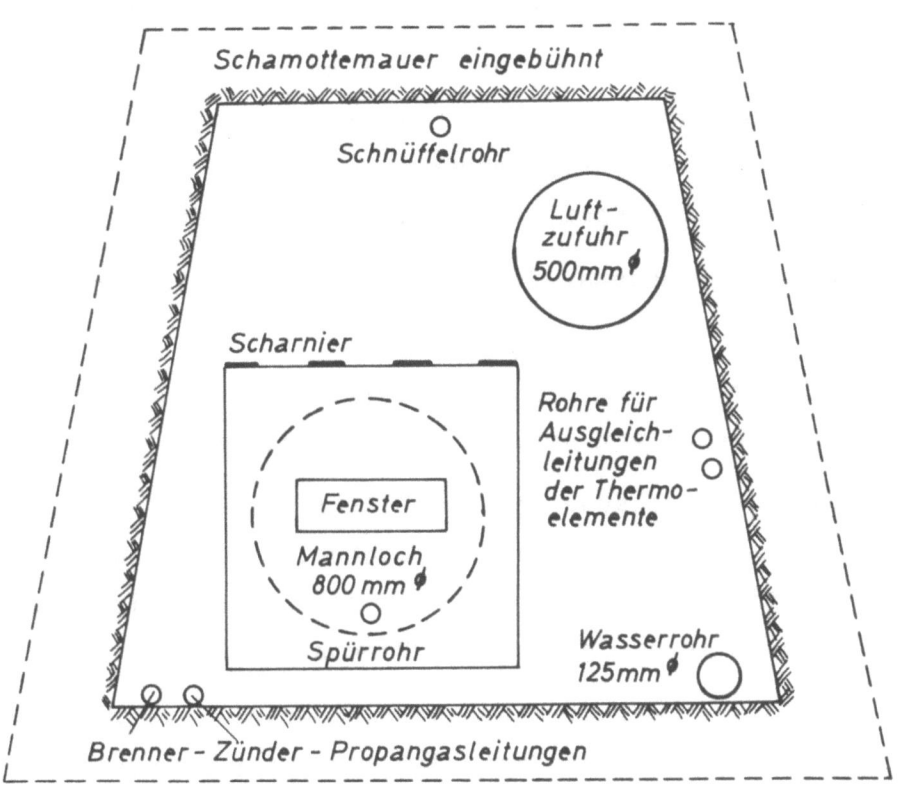

A b b i l d u n g   6

Hauptdamm

Maßstab 1 : 40

2.12 Vergasungsluft

Zur Versorgung der Vergasungsanlage mit Vergasungsluft mußte ein Wetterstrom vom Stollenmundloch über den 2. nördlichen Querschlag die Verbindungsstrecke, den 3. nördlichen Querschlag bis zum Luftschacht geleitet (vgl. Anlage C) werden. Hinter dem Abzweig zum 2. nördlichen Querschlag war im Stollen eine massive Wettertür vorgesehen, um die Wetter in den

2. nördlichen Querschlag zu leiten. Der auf dem Schacht installierte Lüfter war so angebracht, daß der Schacht entweder auf natürlichen oder auf künstlichen Wetterzug mit laufendem Lüfter eingestellt werden konnte. Der Lüfter war sowohl von der Hängebank als auch von der Stollensohle her zu bedienen. Bei natürlichem Wetterzug leistete der Schacht eine stündliche Wettermenge von 3.500 m³ und bei laufendem Lüfter 14.500 m³. Bei laufendem Lüfter war die für den UtV-Versuch errechnete Vergasungsluftmenge (maximal 4.500 m³/h) völlig ausreichend.

Aus dem oben beschriebenen Luftkreisstrom sollte mit einer 500 mm ⌀ Luttenleitung, wie in Anlage F eingezeichnet, die Vergasungsluft an das Druckgebläse am Hauptdamm herangebracht werden. Das dort aufzustellende Gebläse war ein Hochdruckgebläse, Fabrikat Schiele, Type 101:

    2.000 m³/h von 20 °C, Gasgewicht = 0,8 kg/m³

      740 mm WS Gesamtgaspressung

    1.150 mm WS Gesamtkaltluftpressung

    2.900 U/min., 17,5 PS Kraftbedarf bei Kaltluftförderung von 15 °C

Für die Zufuhr der Vergasungsluft waren vier Möglichkeiten vorgesehen (Abb. 7):

1. Das Gebläse konnte die Luft in den Rohrstutzen durch den Damm einblasen. Die Luftmenge war am Schieber regulierbar.

2. Bei Stillstand des Gebläses war der Blindflansch am Rohrstutzen abzunehmen und die Luftzufuhr mit einer Drossel zu regeln. Voraussetzung mußte hierfür allerdings Unterdruck in der Anlage sein. Dieser konnte z.B. durch den Kaminzug in Bohrloch 2 entstehen.

3. Das über Bohrloch 2 befindliche saugende Gebläse (vgl. Anlage F) konnte ferner die Vergasungsluft entweder durch den Flansch am Rohrstutzen oder durch das untere Gebläse (bei geöffnetem Schieber) hierdurch ansaugen.

4. Es bestand schließlich die Möglichkeit, beide Gebläse gleichzeitig laufen zu lassen.

Wenn die Vergasungsluft durch den Damm in die Luftstrecke eingetreten war, sollte sie Gelegenheit haben, sich dort an den heißen Steinen des Ausbaues vorzuwärmen. Nach Süden hin sollte die Mauer mit Lochsteinen so ausgebaut sein, daß die Luft durch die Löcher an die Kohle herantreten konnte. Wo die Kohle schon verbrannt war, würde die Luft sich auch an der heißen Asche und den warmen abgesunkenen Gesteinsschichten des Hangen-

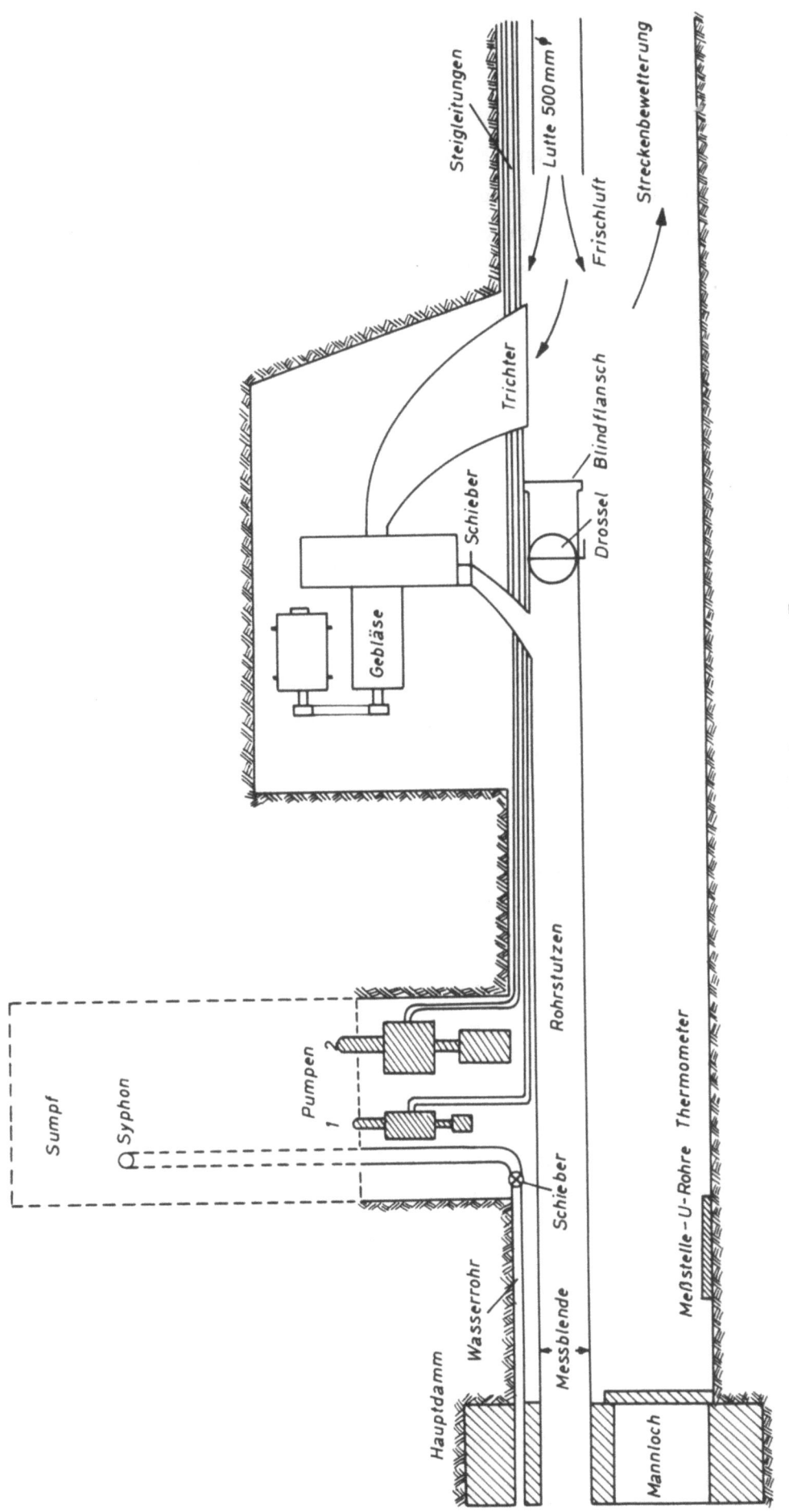

Abbildung 7

Situation vor dem Hauptdamm

den vorwärmen. Schließlich sollten die Löcher in der Mauerung eine Art Düsenwirkung haben und die Luft kräftig durchwirbeln.

Vor dem Damm mußte auch eine Meßstelle eingerichtet werden (s. Abb. 7) zur Messung von Temperatur und Feuchtigkeit der Luft. Im Rohrstutzen war zum einen eine Meßblende vorgesehen für die Berechnung der Luftmenge durch Ablesung des Differenzdruckes an einem U-Rohr und zum anderen ein Abzweigröhrchen zur Messung des Gasdruckes, ebenfalls an einem U-Rohr. Beide U-Rohre sollten an der Meßstelle aufgestellt werden.

2.13 Wasser

Die während der Vergasung aus dem Gebirge austretende Wassermenge war nicht vorauszuberechnen. Es war jedoch mit Bestimmtheit anzunehmen, daß eine gewisse Menge Wasser durch den Damm abfließen mußte. Ein einfaches Rohr als Wasserableitung durch den Damm hätte mit dem Wasser auch die Vergasungsluft teilweise wieder austreten lassen. Ferner wäre diese Öffnung sehr nachteilig für die Druckbildung im Vergasungsmittel gewesen. Aus diesem Grunde mußte der Pumpensumpf tief genug ausgehauen und zur Sicherheit ein Schieber am Wasserrohr vorgesehen werden. Durch Eintauchen des Abflußrohres in den Sumpf auf eine Tiefe, bei welcher der hydrostatische Druck über dem möglichen Gasdruck in der Vergasungsanlage lag, würde keine Vergasungsluft mehr durch das Wasserrohr entweichen können. Über das Zutreffen dieser Überlegung waren Meinungsverschiedenheiten aufgetreten, da man befürchten konnte, daß das fließende Wasser Gas oder Luft mitriß. Die Praxis zeigte aber später, daß tatsächlich die Luftabdichtung auf diese Weise gelang. Nachteilig wirkte sich allerdings aus, daß bei großem Unterdruck hinter dem Damm das Wasser aus der Anlage nicht mehr ablief.

Das Wasser konnte sich dann im Sumpf sammeln und bei stets laufender Pumpe zur Stollensohle hochgedrückt werden. Hierfür waren eine 1,4-kW-Pumpe für den Normalbetrieb und eine 0,75-kW-Pumpe für Notfälle, vom Grubenbetrieb her noch vorhanden, vorgesehen.

2.14 Gasstrom

Die in den Vergasungsraum eingetretene Vergasungsluft sollte zunächst im Gaszug am westlichen Stoß der Vergasungsstrecke (vgl. Anlage F) die chemischen Reaktionen durchlaufen und die sich bildenden Gase in die Gasstrecke einströmen. Von dort aus konnten sie dann durch Bohrloch 2 nach über Tage abgeführt werden (s. Abb. 8).

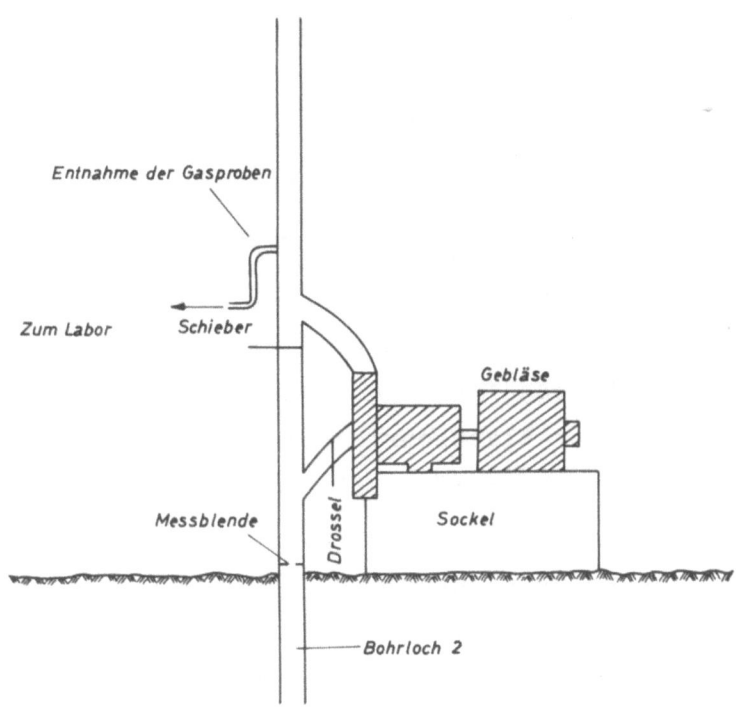

A b b i l d u n g   8

Situation am Entnahmebohrloch 2

Wenn der Druck des unteren Gebläses für den Gastransport nicht ausreichen sollte, war über Tage ein saugendes Gebläse vorgesehen. Die voraussichtlichen Strömungswiderstände waren unbekannt, zumal nach Absenkung des plastischen Hangenden das Gas ja innerhalb der Schrumpfungsrisse in der Kohle strömen mußte. Abbildung 8 zeigt die geplante Einrichtung über Tage.

Bei dem saugenden Gebläse handelt es sich um ein Gerät: Fabrikat Schiele, Type NOK 102:

$\quad$ 80 m³/min von 350 °C, Gasgewicht 0,55 kg/m³
$\quad$ 700 mm WS Gesamtgaspressung
1.565 mm WS Gesamtkaltluftpressung
2.900 Umdrehungen/min
$\quad\quad$ 20 PS Kraftbedarf bei Warmluftförderung von 350 °C
$\quad\quad$ 43 PS Kraftbedarf bei Kaltluftförderung von 15 °C.

Wenn im Laufe der Zeit durch das Fortschreiten der Vergasungsfront der Hohlraum westlich der Verbindungsstrecke breit genug war, mußte angenommen werden, daß sich das Hangende plastisch absenkt. Damit war wegen des schon erwähnten Anschießens der Firste der Verbindungsstrecke mit Sicherheit zu rechnen. Erst dann konnte der eigentliche Vergasungsversuch in der gewünschten Form beginnen, da nun die Gase in der Kohle selbst strömen mußten. Die Verbindungsstrecke hatte also für die Durchführung der Vergasungsversuche keinen besonderen Zweck. Sie war nur nötig gewesen, um auch die Gasstrecke bergmännisch herstellen zu können. Der Vorteil, den die Verbindungsstrecke allerdings bot, lag darin, daß man das Hangende an einem gewünschten Ort schon anreißen konnte.

Wie aus Anlage F zu ersehen ist, war in der Mitte der Verbindungsstrecke das 5 m hohe Überhauen zum Oberflöz projektiert, das im Oberflöz in einer kurzen Strecke zum Bohrloch 1 endete. Eine Reihe aus der Strecke im Oberflöz heraus hergestellter Flachbohrlöcher sollten Gasbringer sein. Nach Erwärmung des Zwischenmittels müßte bis zu einem gewissen Grad eine Entgasung des Oberflözes eintreten. Die entstehenden Schwelgase sollten dann durch Bohrloch 1, entweder aufgrund von Überdruck oder infolge ihrer Wärme, selbsttätig nach über Tage austreten. Zur Sicherheit war auf Bohrloch 1 noch ein kleiner Lüfter zur Absaugung der Gase vorgesehen.

2.15 Mauerung

Abbildung 9 zeigt einen Querschnitt durch die Luftstrecke. Nach den Berechnungen waren insgesamt:

>5.040 Stück Keilsteine
>1.955 Stück Vollsteine und
>990 Stück Lochsteine

erforderlich.

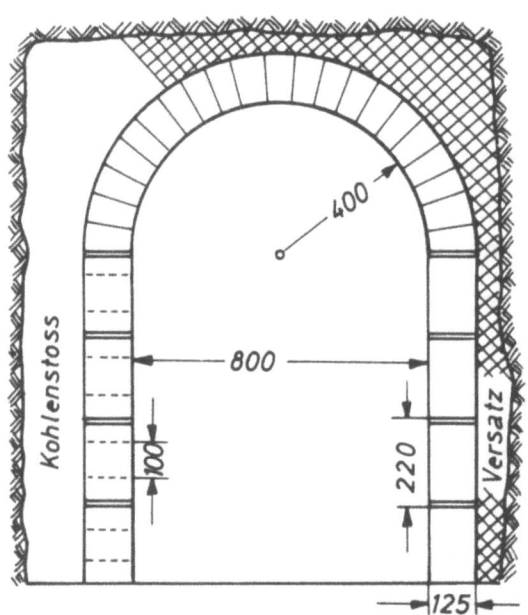

Abbildung 9
Profil der Mauerung

Die Schamottesteine waren zum Ausbau der Luftstrecke nach den in Abbildung 9 angegebenen Maßen hergestellt worden und sollten mit einer Mischung aus 40 % Hochofenzement DIN 275 und 60 % Schamottemehl als Mörtel vermauert werden. Da die Mauerung Anforderungen auf Druck und Temperatur ausgesetzt war, wurden Probesteine vom "Westmark Laboratorium", Bad Godesberg untersucht und nachfolgende Ergebnisse bekanntgegeben:

Die Kaltdruckfestigkeit lag bei drei Proben im Mittel bei 206 kg/m^3.

Die Druck-Feuerbeständigkeit nach DIN 1065

$$t_o = 1.350 \,°C$$
$$t_a = 1.380 \,°C$$
$$t_e = 1.570 \,°C.$$

Wegen der noch unbekannten Beanspruchung des Mauerwerkes war es dringend erforderlich, die Scheibenmauern und auch das Gewölbe sehr sorgfältig zu vermauern und mit feinkörnigen Bergen zu hinterfüllen.

2.16 Tiefbohrungen

Wie aus dem Bericht schon hervorgeht, sollte die Verbindung der Vergasungsanlage mit der Tagesoberfläche durch die Bohrlöcher 1 und 2 (vgl. Anlage F) hergestellt werden. Bohrloch 1 hatte mehr den Charakter eines Untersuchungsbohrloches und konnte daher im Querschnitt wesentlich kleiner sein als das Entnahmebohrloch 2. Der Plan ging darauf hinaus, durch das erste Bohrloch das Gebirge und sein Verhalten bezüglich des Bohrens zu untersuchen. Die Erfahrungen bei Bohrloch 1 sollten dann bei Bohrloch 2 ausgenützt werden, dessen Durchmesser für 300 mm vorgesehen war. Dieses Maß ergab sich durch den Außendurchmesser der Verrohrung von 210 mm (inklusive der Schweißnaht). 200 mm Innendurchmesser der Verrohrung wurde gewählt, weil nach russischen und amerikanischen Erfahrungen bei der UtV der sich daraus ergebende Querschnitt als sehr zweckmäßig erwiesen hatte. Ein größerer Querschnitt wäre wegen der sich dann stark verteuernden Bohr- und Verrohrungskosten und wegen erheblicher bohrtechnischer Schwierigkeiten nicht zu empfehlen gewesen.

Der Zwischenraum zwischen Bohrlochwandung und Verrohrung sollte mit Tonerdezement DIN 475 vergossen werden. Dieser verträgt höhere Temperaturen als andere Zementsorten. Undichtigkeiten in der Rohrhinterfüllung mußten auf jeden Fall vermieden werden, damit bei saugendem Gebläse hinter dem Rohr nicht Luft und Wasser zum Bohrlochtiefsten gezogen wurde.

2.17 Zündung

In der Anlage F ist der Punkt für die Zündung des Flözes eingezeichnet. Ein im Labor der Frank'schen Eisenwerke A.-G., Niederscheld entwickelter 7,5 m langer Propangasbrenner sollte zum Teil den Kohlenstoß und zum Teil 15 t aufgeschichteten Braunkohlenkoks 33 Stunden anstrahlen.

Die Wirkungsweise des Brenners sollte folgende sein:
Das von der Gasbatterie mit 20 Flaschen zu je 33 kg (s. Anlage F) zur Verfügung stehende Propangas wurde durch eine 150 m lange 3/4"-Leitung an den Brenner herangebracht. An jeder Gasflasche befand sich ein 1-kg-Regler, Fabrikat: Armaturenwerk Niederscheld (Dillkreis), der das Gas in eine Sammelleitung abließ. Am Ende der Sammelleitung war der Hauptschieber angebracht, welcher das Gas zur 3/4"-Leitung abschloß. Der Brenner selbst bestand aus 20 Düsen, 10 im Abstand von 50 cm und 10 im Abstand von 25 cm (s. Abb. 10).

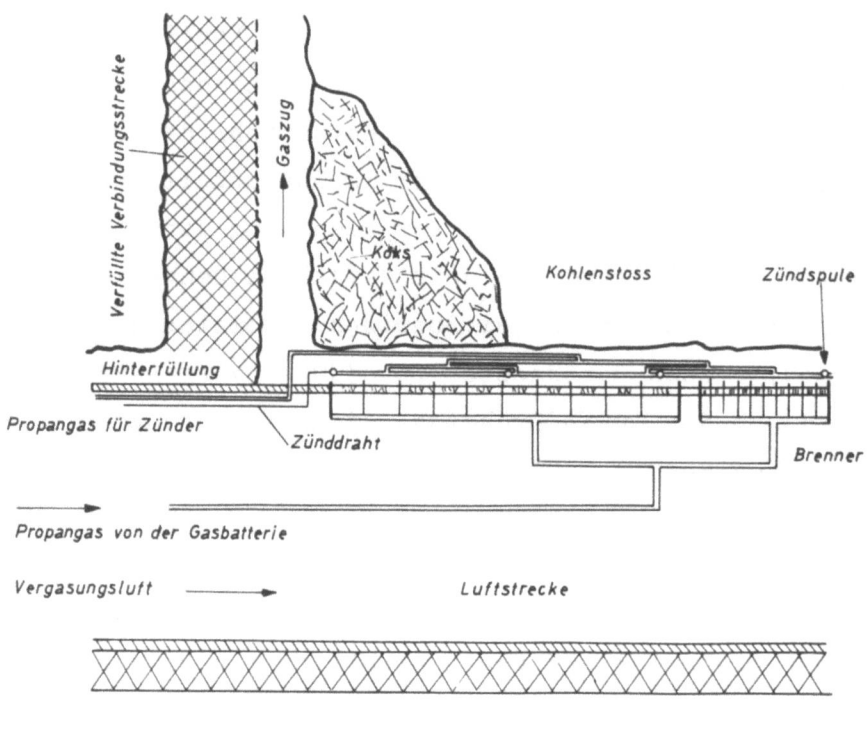

Abbildung 10

Brenneranlage

Zum Zwecke einer gleichmäßigen Gasverteilung war der Brenner noch einmal unterteilt. Die Düsen sollten dann so durch die Luftlöcher in der Mauer gesteckt werden, daß ihre Öffnungen etwa 15 bis 20 cm vom Kohlenstoß bzw. Koks entfernt waren.

Um eine elektrische Fernzündung vom Damm aus zu ermöglichen, die Gasansammlung vor Zündung im Brennbereich vermied, mußte ein spezieller Zünder entwickelt werden, der unmittelbar unter den Öffnungen der Brennerdüsen - also außerhalb der gemauerten Strecke - angebracht werden sollte. Dieser Zünder bestand aus einem 7,5 m langen Rohr mit kleinen Bohrungen für eine Kletterflamme. Damit in diesem Rohr nicht unterschiedliche Gasdrücke und damit Schwankungen in der Flammenhöhe entstanden, sollte der Zünder, ähnlich wie der Brenner, an vier Stellen durch eine 1/2"-Zünderleitung aus einer 5-kg-Propangasflasche vom Damm her beschickt werden. Auf dem Zünderrohr waren vier elektrische Zündspulen vorgesehen, die durch Schluß eines Stromkreises an der Meßstelle vor dem Damm zum Glühen gebracht werden konnten.

Zur Betätigung des Brenners mußte also zunächst der Verschlußhahn an der 5-kg-Flasche am Damm geöffnet und das Gas in das Kletterflammenrohr eingelassen werden. Durch Druck auf einen Knopf konnte dann der Stromkreis für die elektrischen Zünder geschlossen werden, so daß sich am Zünderrohr eine Kletterflamme bildete. Dieser Vorgang sollte zur Sicherheit an einem Plexiglasfenster der Dammtür beobachtet werden. Alsdann konnte der Haupthahn an der aus Sicherheitsgründen 150 m weit entfernten Gasbatterie aufgedreht und der Brenner gezündet werden. Ein nicht zu unterschätzender Grund, die Gasbatterie im 3. nördlichen Querschlag aufzustellen, war durch die bessere Bewetterung dieses Punktes gegeben, wodurch bei irgendwelchen Undichtigkeiten das Gas sofort mit dem Wetterstrom mitgenommen werden konnte.

In einer Flasche von 33 kg Inhalt sind 33 x 11.400 = 376.000 kcal enthalten. Bei 20 Flaschen würde also eine Wärmemenge von 7.520.000 kcal zur Verfügung stehen. Die Regler sollten so eingestellt werden, daß sie pro Stunde 0,51 Nm^3 = 1 kg Propan aus jeder Flasche ausströmen lassen. Danach mußte die Batterie nach 33 Stunden leer sein. Diese Wärmemenge war zur Zündung der Kohle und des Kokses mit Sicherheit ausreichend.

2.18 Meßeinrichtungen

An der Einströmseite der Vergasungsluft am Damm waren folgende Meßeinrichungen vorgesehen (Abb. 7):

1. Mengenmessungen der Luft mit Normblende 500 mm ⌀,

2. Lufttemperaturmessung mit Quecksilberthermometer, geeicht von 0 bis 30 °C mit langem Fühler (250 mm),

3. Luftfeuchtigkeitsmessung mit Psychrometer,

4. Luftdruckmessung mit U-Rohr für 2.000 mm WS.

Aus Bohrloch 2 sollte in das Labor eine Gasleitung zur laufenden Untersuchung des Gases geführt werden. Die Untersuchungen dort sollten sich beziehen auf:

1. Gasmenge mit Normblende 200 mm ⌀ in Bohrloch 2 (vgl. Abb.8),

2. Gastemperatur mit Quarzthermometer bis 600 °C,

3. Gaszusammensetzung mit Orsat-Apparat (alle 4 Stunden),

4. Gaszusammensetzung mit Monoschreiber,

5. Gasheizwert mit Reinecke-Gerät,

6. Temperatur in der Anlage durch Thermoelemente und 6-Farbenschreiber,

7. Beschaffenheit des aus der Anlage austretenden Wassers.

Zur Überwachung der Temperaturen in der Anlage mit Thermoelementen waren von den Meßpunkten (s. Anlage F) Ausgleichleitungen bis vor den Damm und von dort ein 7-adriges Kabel zum Labor nach über Tage vorgesehen.

Auch die beiden Gebläse sollten vom Labor aus bedient werden. Während des Versuches waren Grubenbefahrungen nur noch zur Ablesung der Meßwerte am Damm, zur Verstellung des Schiebers oder der Drossel bei dem unteren Gebläse sowie zur Kontrolle der Pumpen und Messung der Wasserabflußmenge erforderlich.

Da mit Gasgefahr in den Strecken der Grube gerechnet werden mußte, wurden zwei Einstunden-Kreislaufgeräte zum Begehen des Grubengebäudes beschafft. Für die Gaskontrolle in der Grube waren laufend Prüfungen mit CO-, CO_2- und H_2S-Röhrchen vorgesehen. Die Bergbehörde hatte zur laufenden Überwachung des Gasgehaltes ferner Aufstellung von Kästen mit weißen Mäusen an bestimmten Stellen gefordert.

An sich wäre es praktischer gewesen, mit weiteren fernschreibenden und fernanzeigenden Geräten zu arbeiten. Hierfür haben aber die Mittel gefehlt. Um eine stete Verbindung zwischen Grube, Labor und Büro zu haben, war noch eine Fernsprechverbindung vorgesehen.

2.2 Berechnungsunterlagen für Konstruktion und Betrieb der Versuchsanlage

An sich haben Vorausberechnungen in diesem Falle wegen der nicht zu vermeidenden Ungenauigkeiten nur geringe praktische Bedeutung. Die theoretische Durchdringung der Vorgänge bei der UtV von Kohle ist immer noch sehr oberflächlich und es sind zu wenig Erfahrungen für Berechnungsgrundlagen veröffentlicht. So fußen die nachfolgend verwendeten Berechnungsformeln für die UtV zum größten Teil auf Experimentalgrundlagen der Feuerungstechnik, der Wetterlehre und der Bergbaumechanik. Bei der Absicht einer mathematischen Erfassung des geplanten Versuches spielen so viele zu schätzende, in die Berechnungen einzusetzende, unbekannte Größen und vorher nicht zu übersehende Umstände eine Rolle, so daß die erhaltenen Rechenergebnisse den Anspruch auf Exaktheit leider nicht mehr erheben können. Das Unvermögen, die technischen Daten vorauszuberechnen und der daher verbleibende einzige Weg, einfach zu versuchen, auf empirische Weise zu den gewünschten Ergebnissen und Kenntnissen auf dem Gebiet der UtV von Kohle zu kommen, ist ja auch der Grund, warum so kostspielige Versuche in den verschiedenen Ländern ausgeführt werden mußten. Auch die bei diesen Versuchen gewonnenen Erfahrungen waren dann trotz aller Aufwände, je nach Lagerstättenverhältnissen, immer noch recht unterschiedlich und z.T. sogar widersprechend. So stellten die nachfolgend ausgerechneten Ergebnisse nur mit Vorsicht zu betrachtende Vergleichszahlen mit den in der Praxis wirklich erhaltenen dar, aus denen man aber über die Größenordnung der für die Konstruktion und den Betrieb der Anlage notwendigen Daten etwa einen Überblick erhalten kann. Das ist der Grund, warum die Berechnungen überhaupt ausgeführt wurden.

Die Lehren aus den bisher durchgeführten Feldversuchen ließen es für ratsam erscheinen, für den Breitscheider Versuch, bei Betrieb mit niedrigen Drücken im Vergasungsraum, nur eine Strömungsgeschwindigkeit der Gase in der Reaktionszone von höchstens 2,5 m/sek zuzulassen. Die Strömungsgeschwindigkeit ist bekanntlich in erster Linie abhängig vom Querschnitt des Strömungskanals, dem für die Bewegung der Gase erzeugten Druck und der Temperatur des Gases. Da man während des Ablaufes des Versuches wenig Einfluß auf den Querschnitt des sich in der Brennzone fortwährend verändernden Strömungskanals nehmen kann, wird die Regulierung der Strömungsgeschwindigkeit nur durch eine Verstellung der Schieber an den Gebläsen oder durch eine Veränderung der Drosseleinstellung am Einströmkanal der Vergasungsluft erreicht werden können. Es bestand die Auffassung, daß nur so Druck- und Gasverluste weitgehend vermieden werden und ein Wandern des Feuers mit dem Vergasungsstrom unterbleibt.

Bei der Berechnung werden für die Gase drei Strömungszonen angenommen, die im einzelnen getrennt behandelt werden sollen. Abbildung 11 stellt die drei Zonen in Abhängigkeit der später errechneten Temperatur- und Strömungsgeschwindigkeitswerte schematisch dar. Die erste Zone wäre als

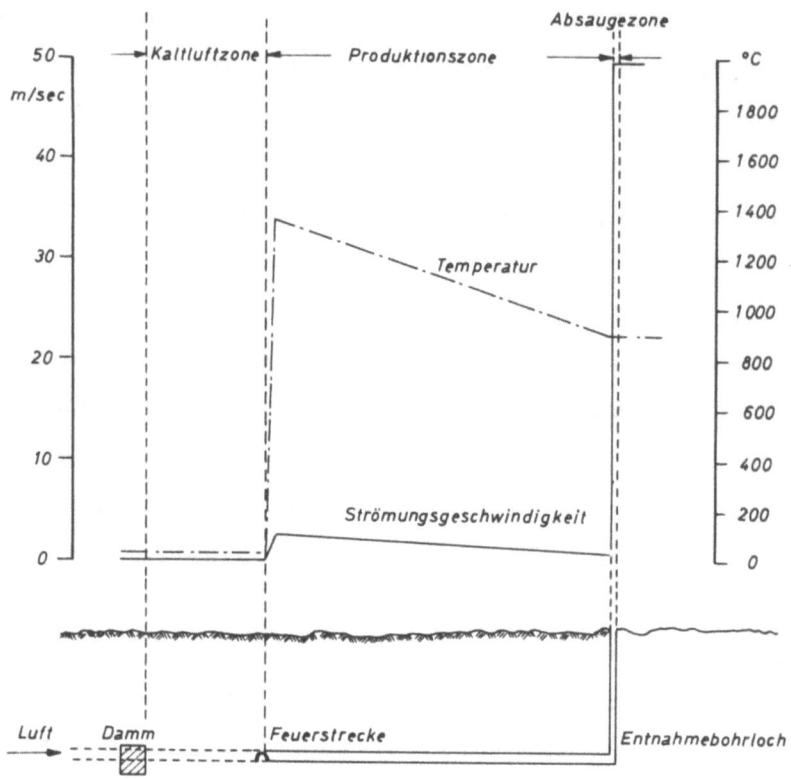

Abbildung 11

Strömungszonen

Kaltluftzone zu bezeichnen, welche von der Eintrittsöffnung der Anlage bis zur Feuerstrecke reicht. Dort leitet die Vergasungsluft die chemischen Reaktionen ein und erwärmt sich stark, wodurch eine beträchtliche Volumenerweiterung des entstandenen Gases verursacht wird. Vom Feuerort bis zum Entnahmebohrloch (vgl. Abb.11) kühlt sich das Gas dann infolge der endothermen Reaktionen und der Wärmeverluste an das Nebengestein unter Volumenverringerung wieder ab. Die Zone der starken Erwärmung und der Abkühlung des Gases soll strömungsmäßig als Produktionszone bezeichnet werden.

Das Gas muß sich der größeren Ausdehung zufolge hier schneller als in der Kaltluftzone bewegen, da voraussichtlich die Strömungsquerschnitte in beiden Zonen annähernd gleich sind. Am Entnahmebohrloch tritt wegen des dortigen geringen Querschnittes im Vergleich zu dem der Produktionszone wieder eine Erhöhung der Strömungsgeschwindigkeit ein. Diese Zone soll Absaugzone genannt werden.

Die Bewegung der Gase soll – als Gedankenexperiment – zunächst durch ein saugend wirkendes Gebläse am oberen Ende des Entnahmebohrloches verursacht werden. Dabei sollen die Gase vorstellungsmäßig von dem engsten Querschnitt in der Oxydationszone weggesaugt werden, wodurch neue Vergasungsluft von der Eintrittsöffnung am Stollenmundloch her dorthin nachströmen kann.

Es ist noch nicht geklärt, ob die Absaugung nicht für das Verfahren günstiger ist, als mit einem Druckgebläse gegen die Gasstauung in der Oxydationszone anblasen zu wollen.

Erwähnenswert für die Druck- und Strömungsberechnungen ist noch der Hinweis, daß der Einfluß des chemischen Stoffaustausches auf das Volumen der Gase nicht berücksichtigt wurde, weil in der bisherigen Praxis der Untertagevergasung die erzeugte Gasmenge etwa der verwendeten Vergasungsluftmenge entsprach, wenn man die Gase auf $0^\circ C$ und 760 Torr bezog.

Wie man sieht, herrschen also, vom Eintritt des Vergasungsmittels aus gesehen bis zum Austritt des Endgases über Tage stets unterschiedliche Temperatur-, Volumen- und Strömungsquerschnittverhältnisse, wodurch die Strömungsgeschwindigkeit der Gase beeinflußt wird. Alles zusammen steht in einem sich fortwährend ändernden Gleichgewicht, das sich rechnerisch natürlich nur für einen Einzelzustand erfassen läßt.

Man geht sicher nicht fehl, den in das Verhalten des unmittelbaren Hangenden gesetzten Erwartungen folgend, für den Öffnungsquerschnitt des Strömungskanals nach erwünschter Absenkung des Hangenden in der Produktionszone $1,0$ m^2 zugrunde zu legen.

2.21 Luftbedarf

Der Luftbedarf L für die Vergasung ist:

$$L_o = \frac{100}{20,94} \cdot 1,86 \quad \left[Nm^3/kg\ C\right]$$

$$L_o = 8,9\ Nm^3/kg\ \text{Kohlenstoff}$$

Die Breitscheider Kohle enthält nach Vortrocknung in situ durchschnittlich 60,05 % Kohlenstoff. Für die Vergasung von 1 kg Kohle werden daher:

$$L = \frac{8,9 \cdot 60,05}{100} = 5,35\ Nm^3/kg\ \text{Luft}$$

benötigt.

Die Berücksichtigung einer Luftüberschußzahl, wie bei der Verbrennung üblich, ist nicht angebracht, weil zusätzliche Luft als unerwünschtes, gasverdünnendes Mittel an der Entnahmeseite wieder austreten oder die Feuerstrecke verlängern würde.

2.22 Vergasungstemperatur

Die bei der Vergasung der Kohle theoretisch erreichbare Temperatur t ist:

$$t = \frac{Hu}{V \, (Cpm) \, t_o} \; [^\circ C]$$

Hu = unterer Heizwert der Braunkohle nach Vortrocknung in situ
 = 3.000 kcal/kg
V = L = Luftbedarf = 5,35 Nm³/kg
(Cpm) t_o = mittlere spezifische Wärme des Gases = 0,41

$$t = \frac{3.000}{5,35 \cdot 0,41} = 1.370 \; ^\circ C$$

2.23 Berechnung der stündlichen Gasproduktion aus dem unteren Flöz

Die Temperatur von 1.370 °C reicht aus, um die endothermen Vergasungsvorgänge in der Reaktionszone zu ermöglichen. Hierdurch, durch Abstrahlungs- und Leitungsverluste, sinkt, wie erwähnt, die Temperatur der strömenden Gase auf dem Weg zum Entnahmebohrloch wieder ab. Von dort aus sollen die langsamer strömenden Gase dann möglichst rasch abgezogen werden, damit der Wärmeverlust an das umgebende Gebirge im Bereich des Entnahmebohrloches so gering wie möglich bleibt und die größtmögliche Menge fühlbarer Wärme im produzierten Gas je Zeiteinheit an der Tagesoberfläche gewonnen wird.

Im Verlaufe einer kontinuierlichen Aufheizung der Gesamtanlage steigert sich durch den entstehenden Wärmemantel um den Strömungskanal mit der Zeit die Austrittstemperatur der Gase an der Entnahmeöffnung mehr und mehr, so daß man voraussichtlich unter den in Breitscheid gegebenen Verhältnissen schließlich mit einer Temperatur von etwa 700 °C an der Austrittsöffnung des Hauptbohrloches rechnen könnte.

Die mittlere Temperatur in der Produktionszone kann mit 1.000 °C angenommen werden. Bei der weiteren Annahme, daß der Sauerstoff bei der Vergasung ganz aufgebraucht und die Volumenänderung bei dem Stoffwechsel nicht berücksichtigt wird, beträgt die Menge des erzeugten Gases in der Feuerzone:

$$V_h = w \cdot F \cdot 3.600 \quad [m^3/h]$$

w = Strömungsgeschwindigkeit am heißesten Punkt = 2,5 m/sek
F = Querschnitt des Strömungskanals = 1,0 m^2

$$V_h = 2,5 \cdot 1,0 \cdot 3.600 = 9.000 \ m^3/h$$

Das entspricht einer auf 0°C und 760 mm Q S bezogenen Menge V_o:

$$V_o = \frac{V_h \cdot 273}{T} \quad [Nm^3]$$

T = absolute Temperatur am heißesten Punkt
 = 273° + 1.370° = 1.643° K
V_h = stündlich gelieferte effektive Gasmenge = 9.000 m^3/h

$$V_o = \frac{9.000 \cdot 273}{1.634} = 1.500 \ Nm^3/h$$

2.24 Vergaste Kohlenmenge

Die stündlich vergaste Kohlenmenge beträgt dann:

$$\frac{V_o}{L} = \frac{1.500}{5,35} = 280 \ kg/h$$

Daraus errechnet sich die täglich vergaste Kohlenmenge Q mit

$$Q = 280 \cdot 24 = 6.700 \ kg = 6,7 \ t/täglich.$$

2.25 Vergasungsluftmenge

Die in die Luftstrecke eintretende effektive Vergasungsluftmenge V_e beträgt bei einer Außentemperatur von 20 °C:

$$V_e = \frac{V_o \cdot T_e}{273} \quad [m^3/h]$$

T_e = absolute Außentemperatur = 20° + 273° = 293° K
V_o = 1.500 Nm^3/h

$$V_e = \frac{1.500 \cdot 293}{273} = 1.610 \ m^3/h$$

2.26 Gasmenge am Entnahmebohrloch

Wenn das Gas am Entnahmebohrloch mit 700 °C austritt, ist die effektive Gasmenge:

$$V_a = \frac{V_o \cdot T_a}{273} \quad [m^3/h]$$

T_a = absolute Austrittstemperatur = 700° + 273° = 973° K
V_o = 1.500 Nm³/h

$$V_a = \frac{1.500 \cdot 973}{273} = 5.350 \; m^3/h$$

Bei T_a = 100 °C ist V_a = 2.043 m³/h

In der Praxis wird dieser Betrag voraussichtlich etwas höher liegen, weil die Volumenzunahme des Gases durch die chemische Stoffumsetzung in der Berechnung nicht miteinbegriffen ist. Das gilt auch für die Strömungsgeschwindigkeit.

2.27 Strömungsgeschwindigkeit der Vergasungsluft

Der lichte Streckenquerschnitt in der Kaltluftzone beträgt 1,1 bis 1,25 m² (Luftstrecke Abb.9). Um an die Vergasungsfront 1.610 m³/h Vergasungsluft heranzuführen, wird die Strömungsgeschwindigkeit w_e in der Kaltluftzone:

$$w_e = \frac{V_e}{F_e} \quad [m/sek]$$

V_e = 1.610 m³/h = $\frac{1.610}{3.600}$ = 0,447 m³/sek

F_e = Streckenquerschnitt = 1,25 m²

$$w_e = \frac{0,447}{1,25} = 0,36 \; m/sek$$

Im 500 mm Luttenrohr beträgt die Strömungsgeschwindigkeit:

$$w_e = \frac{0,447}{0,197} = 2,27 \; m/sek.$$

2.28 Strömungsgeschwindigkeit der Gase im Entnahmebohrloch

Die Strömungsgeschwindigkeit w_a in der Absaugzone beträgt:

$$w_a = \frac{V_a}{F_a} \quad [\text{m/sek}]$$

$V_a = 5.350 \text{ m}^3/\text{h} = \frac{5.350}{3.600} = 1,49 \text{ m}^3/\text{sek}$

F_a = Querschnitt des Hauptbohrloches bei 0,2 m Innendurchmesser = $\frac{0,2^2 \cdot \pi}{4} = 0,0314 \text{ m}^2$

$$w_a = \frac{1,49}{0,0314} = \underline{\underline{47,4 \text{ m/sek.}}}$$

Bei $V_a = 2.043 \text{ m}^3/\text{h}$ ist $w_a = \underline{\underline{18,1 \text{ m/sek.}}}$

2.29 Gasdrücke in der Anlage

Um sich einen Überblick über den erforderlichen Gesamtunterdruck zum Betrieb der Anlage zu verschaffen, müssen die Druckverhältnisse in den einzelnen Strömungszonen untersucht werden.

2.291 Erforderlicher Unterdruck h_e in der Kaltluftzone

$$h_e = \lambda_e \cdot \gamma_e \cdot \frac{w_e^2}{2g} \cdot \frac{1 \cdot U}{F} \quad \text{kg/m}^2$$

λ_e = Reibungsbeiwert nach NIKURADSE
　　Für Strecken ohne Ausbau gilt folgende Formel:
　　d = Durchmesser der Strecke = 1,0 m
　　K = Wanderhebung durch Rauigkeit = 0,1 m

$$\lambda_e = \frac{1}{(2 \lg \frac{d}{K} + 1,138)^2}$$

$$\gamma_e = \frac{1}{(2 \lg \frac{1,0}{0,1} + 1,138)^2} = \frac{1}{3,138^2} = \frac{1}{9,86} = 0,101$$

γ_e = Spezifisches Gewicht der Luft bei 20 °C

$$\gamma_e = \frac{T_1}{T_e} \cdot \gamma_1 \quad [\text{kg/m}^3] \qquad \begin{aligned} T_1 &= 273° \text{ K} \\ T_e &= 293° \text{ K} \\ \gamma_1 &= 1,293 \text{ kg/m}^3 \end{aligned}$$

$$\gamma_e = \frac{273 \cdot 1,293}{293} = 1,2 \text{ kg/m}^3$$

w_e = Strömungsgeschwindigkeit = 0,36 m/sek
g = Erdbeschleunigung = 9,81 m/sek^2
l = Länge des Strömungsweges = 55 m
U = Umfang der Strecke = 2,5 m
F = Querschnitt der Strecke = 1,25 m^2

$$h_e = \frac{0{,}101 \cdot 1{,}2 \cdot 0{,}36^2 \cdot 55 \cdot 2{,}5}{2 \cdot 9{,}81 \cdot 1{,}25} =$$

$$\frac{0{,}121 \cdot 0{,}13 \cdot 110}{19{,}62} = \frac{1{,}73}{19{,}62}$$

h_e = 0,088 kg/m^2

2.292 Erforderlicher Unterdruck in der Produktionszone

$$h_m = \lambda_m \cdot \gamma_m \cdot \frac{w_m^2}{2g} \cdot \frac{l \cdot U}{F} \quad [kg/m^2]$$

λ_m = nicht berechenbar, infolge des hereinbrechenden Hangenden sehr hoch und mit 0,6 geschätzt.

γ_m = Spezifisches Gewicht der Gase bei einer mittleren Temperatur von 1.000 °C in der Produktionszone

$\gamma_m = \frac{T_1}{T_m} \cdot \gamma_2$ kg/m^3
$\quad T_1 = 273°$ K
$\quad T_m = 1.000° + 273° = 1.273°$ K
$\quad \gamma_2 = 1,5$ kg/m^3 (geschätzt)

$\gamma_m = \frac{273 \cdot 1{,}5}{1.273} = 0{,}32 \,[kg/m^3]$

w_m = Strömungsgeschwindigkeit bei 1.000 °C mittlerer Temperatur in der Produktionszone

$w_m = \frac{V_o \cdot T_m}{3.600 \cdot T \cdot F}$ [m/sek]
$\quad V_o = 1.500$ Nm^3/h
$\quad T_m = 1.273°$ K
$\quad T = 273°$ K
$\quad F = 1,0$ m^2

$w_m = \frac{1.500 \cdot 1{,}273}{3.600 \cdot 273 \cdot 1{,}0} = 1{,}95$ m/sek

g = Erdbeschleunigung = 9,81 m/sek^2
l = Länge des Strömungsweges = 95 m
U = Umfang des Strömungskanals = 3,0 m
F = Querschnitt des Strömungskanals = 1,0 m^2

$$h_m = \frac{0,6 \cdot 0,32 \cdot 1,95^2 \cdot 95 \cdot 3}{2 \cdot 9,81 \cdot 1,0} =$$

$$\frac{0,192 \cdot 3,8 \cdot 285}{19,62} = \frac{208}{19,62}$$

$$h_m = 10,60 \text{ kg/m}^2 = \underline{10,6 \text{ mm WS}}$$

Würde in der Produktionszone überall eine Temperatur von 1370 °C herrschen, so wäre nach dem gleichen Rechnungsgang ein Druck von 13,6 kg/m² zur Bewegung der Gase erforderlich. Dies ist bezüglich der Druckverhältnisse in der heißesten Zone von Interesse.

2.293 Erforderlicher Unterdruck h_a in der Absaugezone

Das Entnahmebohrloch sollte eine voraussichtliche Tiefe von 65,0 m erhalten. Zur Erhöhung des Kaminzuges ist ein 5,0 m hoher Schornstein über dem Bohrloch vorgesehen, so daß die Rohrtour 70 m lang wird. Der Durchmesser der Rohrtour ist mit 200 mm bemessen.

Hierfür gilt die Formel für den Reibungswiderstand in Lutten:

$$h_a = \lambda_a \cdot \frac{1}{d} \cdot \frac{v^2}{2g} \cdot \gamma_a \quad [\text{kg/m}^2]$$

λ_a = mittlerer Reibungsbeiwert = 0,0455
l = Länge der Rohrtour = 70 m
d = Durchmesser der Rohrtour = 0,2 m
v = w_a = Strömungsgeschwindigkeit des Gases = 47,4 m/sek
g = Erdbeschleunigung = 9,81 m/sek²
γ_a = Spezifisches Gewicht des Gases bei 700 °C

$\gamma_a = \frac{T_1}{T_a} \cdot \gamma_2 \quad [\text{kg/m}^3] \quad T_1 = 273°\text{K}$
$\quad T_a = 700° + 273° = 973° \text{ K}$

$\gamma_a = \frac{273 \cdot 1,5}{973} = 0,42 \text{ kg/m}^3 \quad \gamma_2 = 1,5 \text{ kg/m}^3 \text{ (geschätzt)}$

$$h_a = \frac{0,0455 \cdot 70 \cdot 47,4^2 \cdot 0,42}{0,2 \cdot 2 \cdot 9,81} =$$

$$\frac{1,59 \cdot 2,243 \cdot 0,42}{1,962} = \frac{1,500}{1,962}$$

$h_a = \underline{766 \text{ kg/m}^2}$ Bei 100 °C wäre h_a = 266 kg/m²

2.210 Widerstandsdruck in der Anlage

Man sieht, daß die Gase trotz der hohen Geschwindigkeit im Rohr tragbare Drücke zu ihrer Bewegung benötigen. Diese betragen insgesamt für die Anlage:

$$h_{ges} = h_e + h_m + h_a$$

$$h_{ges} = 0,088 + 10,60 + 766 = 776,69 \text{ kg/m}^2$$

$$h_{ges} = \text{rund } 777 \text{ mm WS}$$

Bei 100 °C wäre h_{ges} = 277 mm WS

2.211 Äquivalente Kanalweite

Die äquivalente Kanalweite A der Anlage beträgt:

$$A = 0,38 \cdot \frac{Q}{\sqrt{h_{ges}}} \quad [\text{m}^2]$$

$Q = V_e$ = sekundliche Menge der einströmenden Vergasungsluft bei 700 °C = 1,49 m³/sek

h_{ges} = 777 mm WS

$$A = \frac{0,38 \cdot 1,49}{\sqrt{777}} = \frac{0,566}{27,82} = 0,0203 \text{ m}^2$$

$$A = 203 \text{ cm}^2$$

2.212 Kaminzug des Entnahmebohrloches

Hier soll rechnerisch untersucht werden, ob der Kaminzug des Bohrloches in der Lage ist, eine bestimmte Menge Gas ohne Betrieb der Gebläse abzuziehen. Für die rechnerische Untersuchung muß die schon vorher zugrunde gelegte Temperatur von 700 °C am Fuße der als Kamin wirkenden Rohrtour angenommen werden:

$$Z = H \cdot 273 \left(\frac{\gamma_1}{T_1} - \frac{\gamma_m}{T_m} \right) \quad [\text{mm WS}]$$

H = Höhe der Rohrtour im Bohrloch = 70 m
$\gamma_1 = \gamma_e$ = Spezifisches Gewicht der Außenluft = 1,2 kg/m³
$\gamma_m = \gamma_a$ = Spezifisches Gewicht der Gase am Fuß des Kamins = 0,42 kg/m³

$T_1 = T_e$ = Temperatur der Außenluft = $20° + 273° = 293°$ K

$T_m = T_a$ = Temperatur des Gases am Kaminfuß $700° + 273° = 973°$ K

$Z = 70 \cdot 273 \left(\frac{1,2}{293} - \frac{0,42}{973}\right) = 19.100 \ (0,0041 - 0,00043)$

$Z = 19.100 \cdot 0,00367 = \underline{\underline{70 \text{ mm WS}}}$

Unter den gegebenen Umständen würde der Kaminzug von 70 mm WS ausreichen, um bei dem Gas von 700 °C eine Strömungsgeschwindigkeit von:

$$w_a = 0 = \sqrt{\frac{d \cdot z}{\lambda_a \cdot l \cdot 2g \cdot \gamma_a}} \ [\text{m/sek}]$$

zu erzeugen.

$w_a = \sqrt{\dfrac{0,2 \cdot 70}{0,0455 \cdot 70 \cdot 2 \cdot 9,81 \cdot 0,42}}$

$w_a = \sqrt{\dfrac{1}{1,87}} = \sqrt{0,534}$

$w_a = \underline{\underline{0,73 \text{ m/sek.}}}$

Das entspricht einer stündlichen Gasmenge von

$V_a = w_a \cdot F_a \cdot 3.600 \ [\text{m}^3/\text{h}]$

$V_a = 0,73 \cdot 0,314 \cdot 3.600 = \underline{\underline{82,5 \ \text{m}^3/\text{h}}}$

Es ist also eine geringe Gasproduktion auch ohne Betrieb der Gebläse möglich.

2.213 Strömungs- und Druckverhältnisse im Oberflöz

Die Strömungs- und Druckverhältnisse in der Gasabzugsstrecke des oberen Flözes und in Bohrloch I rechnerisch erfassen zu wollen, wird vom Verfasser als unmöglich bezeichnet. Hier müssen Messungen erste Grundlagen ergeben.

2.214 Stündlicher Vergasungsfortschritt

Bei einer Strömungshöchstgeschwindigkeit von 2,5 m/sek in der Produktionszone wird nach den belgischen Untersuchungen eine Länge der Oxydationszone von dem Zehnfachen des Strömungskanaldurchmessers geschätzt. Danach würde bei einem Durchmesser von 1,0 m der Sauerstoff der Vergasungsluft nach 10 m Feuerstreckenlänge aufgebraucht sein. Aus diesem Grunde wurde bei der Breitscheider Anlage die Breite des Vergasungsfeldes mit 45 m gewählt, wodurch für die Länge der Feuerstrecke eine 4,5fache Sicherheit einbegriffen ist (vgl. Anlage F).

Wenn täglich 6,7 t vergast werden, so beträgt der Vergasungsfortschritt f:

$$f = \frac{Q \cdot \gamma_k}{D \cdot L} \quad [m/täglich]$$

Q = tägliche Kohlenmenge = 6,7 t
L = Länge der Feuerstrecke = 10 m
D = Flözmächtigkeit = 1,2 m
γ_k = Spezifisches Gewicht der Braunkohle = 1,0 t/m³

$$f = \frac{6,7 \cdot 1}{1,2 \cdot 10} = 0,556 \text{ m/täglich.}$$

Der stündliche Vergasungsfortschritt ist $\frac{0,556}{24}$ = 0,0232 m/h.

2.215 Wärmeverluste an das Nebengestein

Zur Beurteilung der Möglichkeiten für einen Schwelprozeß im oberen Flöz interessiert der Wärmeverlust an das Nebengestein bei der Vergasung des unteren Flözes. Für die Berechnung des Wärmeverlustes p in Prozenten wird wie bisher eine durchschnittliche Temperatur von 1.000 °C im Vergasungsraum und der anschließenden Gasstrecke angenommen:

$$p = \frac{6,3 \cdot \delta \cdot \vartheta_o \cdot 100}{d \cdot p \cdot (uD)^{0,3} \cdot (2K)^{0,7}} \quad [\%]$$

δ = Wärmeleitzahl des Nebengesteins bei 1.000 °C = 1,2 kcal/mh°C
ϑ_o = Mittlere Temperatur im Vergasungsraum = 1.000 °C
d = Spezifisches Gewicht der Kohle = 1.000 kg/m³
P = Hu = unterer Heizwert der Kohle = 3.000 kcal/kg
u = f = Fortschritt der Vergasungsfront = 0,023 m/h
D = Flözmächtigkeit = 1,2 m
K = Temperaturleitzahl = 0,003 m²/h

$$p = \frac{6,3 \cdot 1,2 \cdot 1.000 \cdot 100}{1.000 \cdot 3.000 \cdot (1,2 \cdot 0,023)^{0,3} (2 \cdot 0,003)^{0,7}}$$

$$p = \frac{756}{3.000 \cdot 0,392 \cdot 0,0278} = \frac{756}{326} = 23,2$$

Der Wärmeverlust liegt demnach bei 23,2 %.

2.216 Je Zeit und Meter erzeugte Wärmemenge

Die verfügbare Wärme Q_c in der Kohle ist je Zeit und Streckenlänge bei der Untertagevergasung:

$$Q_c = \frac{D \cdot u \cdot d \cdot P}{S} \quad [\text{kcal/h m}]$$

D = Flözmächtigkeit = 1,2 m
u = Fortschritt der Vergasungsfront = 0,023 m/h
d = Spezifisches Gewicht der Kohle = 1.000 kg/m³
P = Hu = unterer Heizwert der Kohle = 3.000 kcal/kg
S = Abkühlungsfaktor infolge Reduktion = 0,23 (geschätzt)

$$Q_c = \frac{1,2 \cdot 0,023 \cdot 1.000 \cdot 3.000}{0,23} = 36.000 \text{ kcal/h m}$$

2.217 Temperatur im oberen Flöz und Wandtemperaturen

Es stehen in der 10 m langen Reaktionszone:

$$10 \cdot 36.000 = 360.000 \text{ kcal/h}$$

zur Verfügung, von denen, wie errechnet, 23,2 % an das Nebengestein verlorengehen. Das sind

$$Q_v = \frac{360.000 \cdot 23,2}{100} = 83.400 \text{ kcal/h}$$

Der Wärmeverlust Q_v tritt in der geplanten Anlage hinter der Reaktionszone, also dort ein, wo die strömenden Gase eine Durchschnittstemperatur von 1.000 °C haben. Das wäre, wie aus Abbildung 11 hervorgeht, im Bereich der Produktionszone vom Beginn der Feuerstrecke bis zum Einströmkanal am Hauptbohrloch mit einer Länge von 95 m (vgl. Anlage F).

Die Wärmeabgabe an das Nebengestein der mit durchschnittlich 1,95 m/sek strömenden heißen Gase erfolgt vermutlich in der Art, wie sie in Abbildung 12 dargestellt ist. Hierbei ist die infolge der aufsteigenden Dampf- und Wasserkreisläufe nach oben stärker wirkende Wärmeabgabe durch eine hypothetisch aufgestellte Kurve gleicher Temperatur gekennzeichnet.

Bei völlig trockenem Gebirge dagegen müßte der Strömungskanal mit einem unendlich dicken Rohr verglichen werden, bei dem die Wärmeabgabe allseitig gleich und die Kurve gleicher Temperatur als Kreisbogen zu zeichnen wäre.

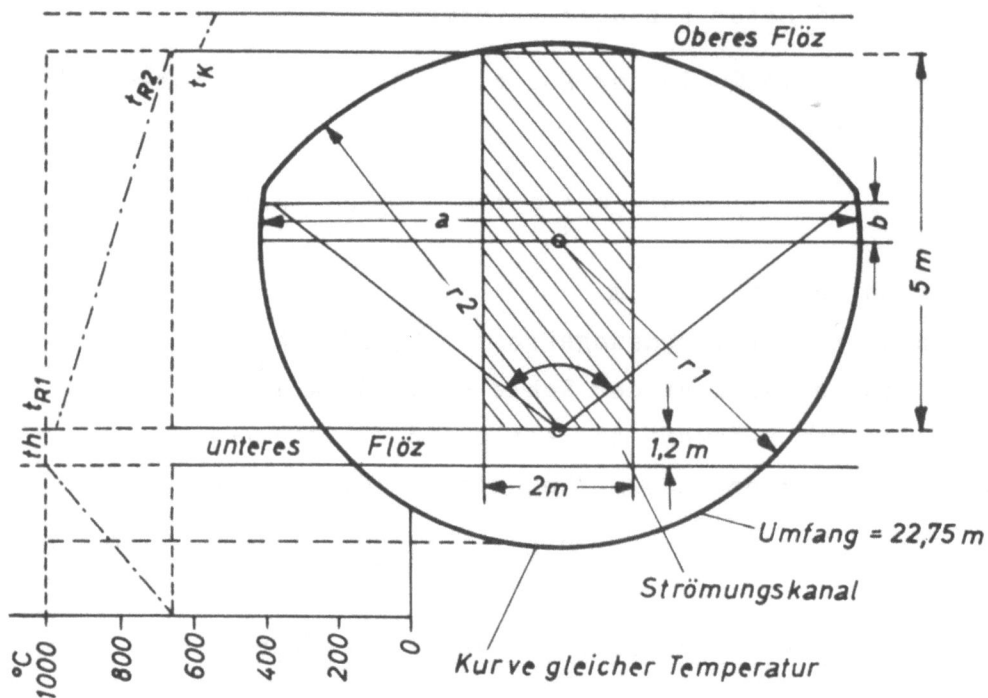

Abbildung 12

Kurve gleicher Temperatur

Der Umfang der Figur beträgt:

$$\pi \cdot r_1 = 3{,}14 \cdot 4 = 12{,}60 \text{ m}$$
$$2 \cdot b = 2 \cdot 0{,}5 = 1{,}00 \text{ m}$$
$$r_2 \cdot \varphi \, 0{,}01745 = 5 \cdot 105 \cdot 0{,}01745 = 9{,}15 \text{ m}$$
$$\text{Gesamtumfang} = 22{,}75 \text{ m}$$

Nimmt man an, daß sich die Abgabe der Wärme über den gesamten Umfang der Figur (vgl. Abb. 12) gleichmäßig verteilt, so beträgt die Wärmeabgabe auf den Teilumfang von 2 m im oberen Flöz über dem Strömungskanal den

$$\frac{22{,}75}{2} = 11{,}37 \text{ ten Teil}$$

des Gesamtwärmeverlustes. In Wärmemenge ausgedrückt ist das:

$$Q_h = \frac{83.400}{11{,}37} = 7.340 \text{ kcal/h}$$

2.2171 Temperatur im oberen Flöz

Es gilt dann die Formel:

$$Q_h = \frac{F \, (t_h - t_k)}{\frac{1}{\alpha_1} + \frac{S}{\lambda} + \frac{1}{\alpha_2}} \quad [\text{kcal/h}] \quad \text{daraus}$$

$$t_k = t_h - \frac{Q_h}{F}\left(\frac{1}{\alpha_1} + \frac{S}{\lambda} + \frac{1}{\alpha_2}\right) \quad [°C]$$

um die Temperatur im oberen Flöz zu errechnen.

t_k = Temperatur in der Kohle des oberen Flözes,

t_h = t_m = mittlere Temperatur im Strömungskanal = 1.000 °C,

Q_h = Teilwärmemenge = 7.340 kcal/h,

F = Heizfläche von 2 m Breite und 45 m Länge der Verbindungsstrecke = 90 m²,

λ = Wärmeleitzahl des Gesteins = 1,2 kcal/m h °C,

α_2 = Wärmeübergangszahl vom Zwischenmittel zur Kohle des oberen Flözes = 1 kcal/m² h °C (geschätzt)

α_1 = Wärmeübergangszahl von Gas auf die Wand des Strömungskanals = $\frac{Nu \cdot \lambda}{l}$,

S = Mächtigkeit des Zwischenmittels = 5 m,

Nu = Nusselt'sche Zahl für turbulente Strömung von Flüssigkeiten und Gasen:

$$Nu = 0,116 \left(R_e^{2/3} - 125\right) \cdot Pr^{1/3} \cdot \left[1 + \left(\frac{d}{L}\right)^{2/3}\right] \cdot \left(\frac{\eta_g}{\eta_w}\right)^{0,14}$$

l = d = Durchmesser des Strömungskanals = 1,0 m,

Re = Reynold'sche Zahl, $Re = \frac{w \cdot d}{\nu}$,

w = w_m = durchschnittliche Geschwindigkeit der strömenden Gase = 1,95 m/sek,

ν = Kinematische Zähigkeit von Kohlendioxyd bei 1.000 °C 100 · 10⁻⁶ m²/sek (interpoliert),

$Re = \frac{1,95 \cdot 1,0 \cdot 1.000.000}{100} = 19.500$,

Pr = Prandtl'sche Kennzahl für Kohlendioxyd bei 1.000 °C = 0,85 (interpoliert),

L = Länge des Strömungskanals = 45 m,

$\frac{\eta_g}{\eta_w} = \frac{\eta\ 1.000\ °C}{\eta\ 800\ °C}$ = dynamische Zähigkeit = $\frac{5}{4}$ (interpoliert),

$Nu = 0,116\ (19.500^{0,6} - 125) \cdot 0,85^{0,33} \cdot \left[1 + \left(\frac{1}{45}\right)^{0,66}\right]\left(\frac{5}{4}\right)^{0,14}$,

$Nu = 0,116\ (670-125) \cdot 0,945 \cdot (1 + 0,0795) \cdot 1,0318$

$Nu = 0,116 \cdot 545 \cdot 0,945 \cdot 1,0795 \cdot 1,0318 = 66,3$

$$d_1 = \frac{Nu \cdot \lambda}{l} = \frac{66,3 \cdot 1,2}{1,0} = 79,5 \text{ kcal/m}^2 \text{ h } °C$$

$$t_k = t_h - \frac{Q_h}{F} \cdot \frac{1}{d_1} + \frac{S}{\lambda} + \frac{1}{d_2} \quad [°C]$$

$$t_k = 1.000 - \frac{7.340}{90} \cdot \left(\frac{1}{79,5} + \frac{5}{1,2} + \frac{1}{1}\right)$$

$$t_k = 1.000 - 81,5 \cdot (0,0126 + 4,16 + 1)$$

$$t_k = 1.000 - 81,5 \cdot 5,170 = 1.000 - 422 = 578 \text{ °C}$$

Im oberen Flöz wird demnach eine Temperatur von 578 °C erwartet.

<u>2.2172 Wandtemperatur t_{R1} in der Firste des Strömungskanals errechnet sich nach:</u>

$$Q_h = \alpha_c \cdot F \cdot \Delta_t \quad [\text{kcal/h}] \quad \text{daraus}$$

$$\Delta_t = \frac{Q_v}{F \cdot \alpha_c} \quad [°C]$$

$\Delta_t = t_1 - t_{R1} = t_h - t_{R1}$ = Temperaturdifferenz zwischen Gastemperatur t_h und Stoßtemperatur t_{R1} im Strömungskanal

Q_h = Qv = hier Gesamtwärmeverlustmenge = 83.400 kcal/h

$\alpha_c = \alpha_1$ = Wärmeübergangszahl von Gas auf die Wand des Strömungskanals
  = 79,5 kcal/m² h °C

F = Berührungsfläche des Gases an den Wänden des Strömungskanals =
  (2 + 2 + 0,5) · 45 = 225 m²

$$\Delta_t = \frac{83.400}{225 \cdot 79,5} = \frac{83.400}{17.900} = 4,65 \text{ °C}$$

$$t_{r1} = t_h - \Delta_t$$

$$t_{R1} = 1.000 - 4,65 = \text{rund } 995 \text{ °C}$$

<u>2.2173 Berechnung des Temperaturabfalles im Zwischenmittel nach Formel:</u>

$$Q_h = \frac{\lambda \cdot F (t_1 - t_2)}{S} \quad [\text{kcal/h}] \quad \text{daraus}$$

$$(t_{R1} - t_{R2}) = \frac{Q_v \cdot S}{\lambda \cdot F} \quad [°C]$$

$t_1 = t_{R1}$ = Temperatur an der Wand des Strömungskanals = 995 °C

$t_2 = t_{R2}$ = Temperatur an der Grenzfläche von Zwischenmittel und oberem Flöz

Q_h = Qv = hier Gesamtwärmeverlustmenge = 83.400 kcal/h

S = **Mächtigkeit des Zwischenmittels** = 5 m

λ = **Wärmeleitwert** = 1,2 kcal/m h °C

F = **Fläche entsprechend dem Umfang der Kurve gleicher Temperatur um den Strömungskanal mal der Länge des Kanals** = 22,75 · 45 = 1.023 m²
(vgl. Abb.12)

$$t_{R1} - t_{R2} = \frac{83.400 \cdot 5}{1,2 \cdot 1.023} = \frac{416.000}{1.228} = \underline{\underline{339 \;°C}}$$

Der Temperaturabfall im Zwischenmittel beträgt 339 °C.

2.2174 Berechnung der Wandtemperatur t_{R2} am oberen Flöz:

$$t_{R2} = t_{R1} - (t_{R1} - t_{R2})$$
$$t_{R2} = 995 - 339 = \underline{\underline{656 \;°C}}$$

Die Temperatur an der Grenzfläche zwischen oberem Flöz und Zwischenmittel beträgt demnach 656 °C (vgl. Abb.12).

Bei allen diesen Rechnungen konnte der Einfluß der Wasserströmungen nicht berücksichtigt werden.

2.218 Wärmebilanz

Um einen Überblick über die Verteilung der Wärmemengen zu erhalten, soll nun, soweit möglich, eine Wärmebilanz aufgestellt werden, die den vielen Unbekannten zufolge jedoch nicht ganz korrekt sein kann. Schwer läßt sich z.B. dabei der Einfluß der Wassergasreaktion darstellen, obwohl diese sehr maßgeblich für die Reaktionstemperaturen und die Güte des produzierten Gases sind.

Da intensive Wassergasreaktionen die Temperatur in der Reaktionszone herabsetzen, verringert sich die Ausbeute aus den Kohlenstoffreaktionen, wodurch dann allerdings ein gewisser Ausgleich eingetreten ist, der den Umfang der Wasserstoffumsetzung bilanzmäßig weniger stark in Erscheinung treten läßt. Es gilt folgende Gleichung für 1 Nm³ erzeugtes Gas:

$$B \cdot Hu_B + B \cdot J_B + M \cdot J_M = Hu_G + J_G + Q_S$$

$B \cdot Hu_B$ = anteilige Wärmezufuhr durch den Heizwert des Brennstoffes
= B · 3.000 kcal/kg

$B \cdot J_B$ = anteilige fühlbare Wärme des Brennstoffes, der auf die Reaktionstemperatur $t = 1.370\ °C$ vorgewärmt ist.

$B \cdot J_B = B \cdot t \cdot c$ [kcal/kg]

$\qquad t = 1.370\ °C$

$\qquad c = 0{,}5$ kcal/kg (geschätzt)

$B \cdot J_B = B \cdot 1.370 \cdot 0{,}5 = B \cdot 685$ kcal/kg
================

$M \cdot J_M$ = anteilige fühlbare Wärme der Vergasungsluft bei einer Eintrittstemperatur von $t = 20\ °C$

$\qquad M \cdot J_M = M \cdot v \cdot t \cdot c_v$ [kcal/kg]

$\qquad v = \dfrac{848 \cdot T}{M_o \cdot P}$

$\qquad M \cdot J_M = M \cdot \dfrac{848 \cdot T}{M_o \cdot P} \cdot t \cdot c_v$

$\qquad M \cdot J_M = M \cdot \dfrac{848 \cdot 273 \cdot 20 \cdot 0{,}172}{29 \cdot 10.000}$

$\qquad M \cdot J_M = M \cdot \dfrac{231.000 \cdot 34{,}2}{290.000} = M \cdot 27$ kcal/kg

v = spezifisches Volumen der Luft
M_o = Molekulargewicht der Luft = 29 kg
T = absolute Temperatur bei $0\ °C = 273°\ K$
P = Druck bei 1 at = 10.000 kg/m^2
t = Lufttemperatur = 20 °C
c_v = spezifische Wärme der Luft bei $20\ °C = 0{,}172$ kcal/kg

Auf der linken Seite der Bilanzgleichung steht dann

$$B \cdot (3.000 + 685)\ \text{kcal/kg} + M \cdot 27\ \text{kcal/kg}$$

zur Verfügung.

Zur Berechnung von B und M müssen Vergleichswerte herangezogen werden. Bei der untertägigen Vergasung der Braunkohle von VALDARNO war der Stickstoffanteil im Endgas 58 %. Der Anteil an Wasserstoff lag bei 2 %, so daß im Gas 40 % kohlenstoffgebundene Anteile und Wasserdampf vorhanden waren.

$$B = 0{,}5358\ (v_{CO} + v_{CO_2} + v_{CH_4})\ \ [\text{kg/Nm}^3]$$

Setzt man unter Abzug von weiteren 5 % bei der Untertagevergasung zusätzlich aus Wasserdampf erwartetem Wasserstoff für

$$(v_{CO} + v_{CO_2} + v_{CH_4}) = 35 \%$$

ein, so ergeben die Kohlenstoffanteile

$$B = 0,5358 \cdot 0,35 = 0,188 \text{ kg/Nm}^3$$

Die Vergasungsmittelrechnung ergibt sich aus der Stickstoffbilanz:

$$M = \frac{N_G}{N_M} \; [\text{Nm}^3/\text{Nm}^3] \qquad N_G = \text{Stickstoffmenge im Endgas} = 58 \%$$

$$M = \frac{58}{78} = 0,745 \text{ Nm}^3/\text{Nm}^3 \qquad N_m = \text{Stickstoffmenge in der Luft} = 78 \%$$

Damit ergibt die linke Seite der Bilanzgleichung:

$$B \cdot Hu_B + B \cdot J_B + M \cdot J_M = 0,188 \, (3.000 + 685) + 0,745 \cdot 27$$
$$= 711 \text{ kcal/Nm}^3$$

Die auf der rechten Seite der Bilanzgleichung stehenden Symbole bedeuten:

Hu_G = Heizwert des Gases, der weiter hinten bestimmt werden soll.

J_G = fühlbare Wärme des an der Entnahmeseite austretenden Gases von 700 °C.

$$J_G = \gamma \cdot t \cdot c_v$$
$$\gamma = \frac{M_o \cdot P}{848 \cdot T}$$

t = Gastemperatur = 700 °C
M_o = Molekulargewicht des Gases = 32 kg
T = Temperatur bei 0 °C = 273° K
P = Druck bei 1 at = 10.000 kg/m^2
c_v = spezifische Wärme des Gases bei 700 °C = 0,23 (interpoliert)

$$J_G = \frac{32 \cdot 10.000 \cdot 700 \cdot 0,23}{848 \cdot 273} = \frac{320.000 \cdot 161}{231.000} = 223 \text{ kcal/Nm}^3$$

Q_s = Wärmeverlust = 23,2 % der insgesamt verfügbaren Wärmemenge von 711 kcal

$$Q_s = \frac{711 \cdot 23,2}{100} = 165 \text{ kcal/Nm}^3$$

Wenn $B \cdot Hu_B + B \cdot J_B + M \cdot J_M = Hu_G + J_G + Q_s = 711$ kcal ergeben, so bleiben für die Kohlenstoffverbindungen des erzeugten Gases

$$Hu_G = 711 - (223 + 165) = 323 \text{ kcal/Nm}^3$$

Damit ist die Gleichung erfüllt und es stehen auf jeder Seite

$$711 \text{ kcal/Nm}^3,$$

die unter Umständen als Höchstes erzeugt werden können.

2.219 Erwartete Wärmemenge bei dem kombinierten Verfahren

Als Energieausbeute sind also bei der Vergasung des Kohlenstoffes
$711 - 165 = 546$ kcal/Nm^3 zu verzeichnen. Dazu muß noch die Wärmemenge der bisher nicht berücksichtigten $2\% + 5\% = 7\%$ Wasserstoff hinzugezählt werden. 7 % Wasserstoff ergeben bei einem Heizwert von 2,570 kcal/Nm^3:

$$0{,}07 \cdot 2.570 = 180 \text{ kcal},$$

wodurch sich der Heizwert des Endgases auf

$$546 + 180 = 726 \text{ kcal/Nm}^3$$

erhöht.

Eine genaue rechnerische Darstellung der Entgasungsvorgänge im oberen Flöz ist, wie beschrieben, nicht möglich. Auch ist die mit dem Schwelgas zu gewinnende fühlbare Wärme mengenmäßig schlecht zu erfassen und wird in dieser Bilanz ebensowenig berücksichtigt wie die Wärmeverluste an das Nebengestein des oberen Flözes. Die Tatsache der gleichartigen Beschaffenheit in Kohlenzusammensetzung und Mächtigkeit beider Flöze berechtigt jedoch die Annahme, daß im oberen Flöz je Zeiteinheit mindestens die gleiche Kohlenmenge verschwelt wird, wie der Vergasungsprozeß im unteren erfordert.

Wenn aus 1 kg Braunkohle etwa 0,3 Nm^3 Schwelgas von 2.500 kcal/Nm^3 gewonnen werden können, so ergeben je 1 kg Braunkohle aus oberem und unterem Flöz zur gleichen Zeit überschlagmäßig zusammen:

unteres Flöz $\frac{1}{0{,}188}$ = 5,3 Nm^3 Gas von insgesamt $5{,}3 \cdot 726 = 3.850$ kcal

oberes Flöz   = 0,3 Nm^3 Gas von insgesamt $0{,}3 \cdot 2.500 = 750$ kcal

---

2 kg Kohle ergeben 5,6 Nm^3 Gas von insgesamt = 4.600 kcal entsprechend

1 Nm^3 Gas von $\frac{4.600}{5{,}6}$ = 822 kcal/Nm^3

2.220 Mechanisches Wärmeäquivalent

Wenn bei einstündigem Betrieb 280 kg Kohle vergast und zusätzlich 280 kg verschwelt werden, so erzeugt die Anlage in der Stunde:

$$2 \cdot 280 \cdot 4.600 = \underline{\underline{1.290.000 \text{ kcal}}}$$

Ohne Berücksichtigung der Maschinenwirkungsgrade würde das

$$\frac{1.290.000 \cdot 1,16}{1.000} = \underline{\underline{1.500 \text{ kW h}}}$$

entsprechen.

2.221 Vergasungswirkungsgrad

Schließlich ist es noch interessant, den Vergasungswirkungsgrad der kombinierten Anlage kennen zu lernen, der durch die Tatsache beeinflußt ist, daß der im oberen Flöz entstehende Koks noch eine ungenutzte Energiemenge darstellt, die sich u.U. noch einer nachträglichen Gewinnung durch Vergasung anbietet. Es gilt die Formel:

$$\eta = \frac{G \cdot H_g}{B \cdot H_b}$$

G = ausgebrachte Gasmenge = 5,6 Nm^3/2 kg

H_g = Verbrennungswärme des Gases je Nm^3 = $\frac{4.600}{5,6}$ = 822 kcal/Nm^3

B = aufgewendeter Brennstoff = 2 kg

H_b = Verbrennungswärme des Brennstoffes = 3.000 kcal/kg

$$\eta = \frac{5,6 \cdot 822}{2 \cdot 3.000} = 0,77$$

Der Vergasungswirkungsgrad ist demnach $\underline{\underline{77 \%}}$.

Wie schon anfangs erwähnt, sollen diese Berechnungen durch die größenordnungsmäßige Darstellung zum allgemeinen Verständnis der Grundsätze für die Projektierung der Versuchsanlage beitragen.

3.0 Praktische Vorarbeiten

3.1 Aufwältigung des Stollens und der Zufuhrstrecken, Abbau

Am 18.2.1957 wurde die erste Schicht verfahren. Der Stollen befand sich bis 857 m vom Mundloch in noch relativ gutem Zustand. Ab 769 m war der Stollen mit Holz ausgebaut, das leider weitgehend verfault war. Das Auswechseln der Holzbaue war recht zeitraubend, da das lose Gestein hinter dem alten Ausbau nach dem Rauben bis 2 m hoch nachbrach (s. Abb.13).

Abbildung 13

Stollen vor der Aufwältigung

Ferner gestaltete sich der Wagenwechsel in den engen Strecken sehr schwierig. Alsbald kam auch noch die Notwendigkeit hinzu, die Sohle des Stollens 150 m nachreißen zu müssen. Das tonige Gestein war durch Standwasser gequollen und außerdem gerade dieser Teil des Stollens beim früheren Auffahren, infolge Antreffens einer Mulde in der Lagerstätte, fallend aufgefahren worden. So mußte in 3schichtigem Betrieb die Sohle nachgerissen und ein Abfluß für das Wasser hergestellt werden.

Am 1.8.1957 war der Stollen bis zum Streckenkreuz des 2. nördlichen Querschlages in Ordnung gebracht (vgl. Anlage C). Von da ab konnten jetzt zwei Kolonnen je 3schichtig den Querschlag und den Stollen umbauen. Bald danach war es möglich, auch mit einer geringen Kohlenförderung auf den nach Süden hin gelegenen Abbauen zu beginnen. Insgesamt wurden später neun Abbaue eingerichtet (s. Anlage C). Das geschah einmal aus dem Grund, die schwierige Finanzlage etwas zu entspannen, zum anderen war es jedoch auch in Verbindung mit dem hessischen Zuschuß für die Arbeiten gefordert worden. Es sollte untersucht werden, ob eine Wiederaufnahme der Kohlenförderung zur Versorgung der heimischen Bevölkerung wirtschaftlich und ratsam ist. Ferner sollte eine Marktanalyse gemacht werden.

Mit Beginn der Kohlenförderung wurde auch gleichzeitig die Belegschaft auf ihren endgültigen Bestand gebracht mit:

    1 Betriebsleiter
    1 Steiger
    1 Bürokraft und Verkauf von Kohle
  17 Hauer
    1 Lokfahrer
    1 Schlosser
    1 Mann für Verladung und Holzplatz
  <u>1</u> Kraftfahrer für Abtransport der Kohle
  24 Mann ständige Belegschaft

Stundenweise, aber auch im Beschäftigungsverhältnis zu anderen Firmen, arbeiteten mit

    1 Buchhalter
    1 Schreibkraft
    1 Elektriker
    3 Arbeiter auf der Bergehalde
    1 Lokfahrer
    1 Putzfrau

Am 20.9.1957 war der Luftschacht erreicht, der für den späteren Vergasungsversuch von großer Wichtigkeit war (s. Abb.14).

Nun konnte durch den Schacht ein Zubringerkabel eingehängt und mit der Elektrifizierung des Betriebes begonnen werden. Diese war für die dringend erforderliche Sonderbewetterung bei den stagnierenden matten Wettern baldigst nötig. Sie ermöglichte ferner elektrisches Bohren der Sprenglöcher und den späteren Einsatz einer Schrämmaschine.

Abbildung 14

Luftschacht

Die Bergbehörde hatte die Genehmigung zur Durchführung der Vergasungsversuche von der Aufrechterhaltung eines in einer Richtung stets gleichbleibenden Wetterstromes vom Stollenmundloch her abhängig gemacht. Aus diesem Grunde wurde dann auch der Hauptlüfter auf dem Luftschacht sofort eingebaut.

3.2 Arbeiten zum Bau der Vergasungsanlage

3.21 Bau der Strecken

Für den Bau der Vergasungsstrecken wurde am 1.3.1958 ein Schrägaufhauen angesetzt, um von dem im Liegenden befindlichen 3. nördlichen Querschlag ins Kohlenflöz hochzubrechen. Der Bremsberg ist in Anlage C eingezeichnet. Zur Bewetterung dieser erforderlichen Aus- und Vorrichtungsarbeiten wurde eine 500 mm ⌀-Luttenleitung eingebaut und entsprechend des Streckenvortriebes nachgeführt. Oben wurde eine Haspelkammer eingerichtet.

Abbildung 15 zeigt den Ansatzpunkt. An der Luttenleitung sind Gummimanschetten zur Abdichtung der Rohrverbindung erkenntlich. Nach einem Höhenunterschied von knapp 3 m (vgl. Anlage C) war das Flöz erreicht. Es war recht naß, hatte jedoch wider Erwarten eine Mächtigkeit von 1,8 m. Mit

Abbildung 15

Blick auf den Bremsberg

dem Vortrieb trockneten die nassen Stellen allerdings ab, während der hauptsächliche Wasserzufluß bis 30 l/min stets in der vorrückenden Ortsbrust verblieb.

Es bestand die Absicht, die Strecken horizontal im Flöz weiter aufzufahren und das Liegende, wo notwendig, etwas mitzunehmen. Für einen schnelleren Vortrieb wurde eine Streckenschrämmaschine eingesetzt (s. Abb.16).

Vorherige Vergleiche mit der im Nordosten befindlichen Grube "Ludwig Haas" bezüglich des Flözniveaus hatten ergeben, daß nach dorthin mit einem Ansteigen des Kohlenflözes gerechnet werden konnte. Bei dem im allgemeinen nur flach gewellten Flöz mußte also auch die Strecke bis zum Damm der Vergasungsanlage langsam ansteigen. Das Gegenteil war jedoch der Fall. Die Haspelkammer befand sich auf einem Rücken, und das Flöz fiel nach Westen außergewöhnlich stark ein. Wegen des starken Wasserzuflusses konnte die Strecke nicht fallend mitgehalten werden. Das hatte zur Folge, daß sich bereits 30 m hinter der Haspelkammer die Strecke von Sohle bis zur Firste im blauen Ton des Hangenden befand und das Flöz im Liegenden verschwunden war. Um das Flöz wieder zu erreichen, mußte die Strecke dann fallend aufgefahren und eine Wasserhaltung installiert werden.

Abbildung 16

Schrämmaschine im Einsatz

Beim Abhauen des Gesenkes stellte sich bald heraus, daß das Kohlenflöz in der Nähe des Pumpensumpfes 2,5 m unter der Sohle des 3. nördlichen Querschlages lag (s. Anlage C). Das bedeutete die Unmöglichkeit für einen Durchbruch vom 3. nördlichen Querschlag zur Vergasungsstrecke mit freiem Wasserablauf. Es stand von nun an fest, daß für die weiteren Arbeiten und auch während des Vergasungsversuches stets Wasser gepumpt werden mußte.

Eine Änderung des Projekts unter Berücksichtigung dieser vorher nicht übersehbaren Umstände war nicht möglich, da nicht genügend finanzielle Mittel mehr vorhanden waren. Ferner hätte ein neuer Ansatz der Vergasungsanlage westlich des 3. nördlichen Querschlages nicht eine ausreichende Entfernung vom alten Mann des vorangegangenen Abbaues gewährleistet, und schließlich wäre man bei Änderung der Streckenrichtung von der Haspelkammer aus der feststehenden Anordnung des Streckensystems für die Vergasungsanlage ohnehin irgendwo in fallende Partien des Flözes geraten. Die damit verbundenen Überlegungen führten zu dem Entschluß, wie geplant, weiterzufahren. Das brachte jedenfalls den Vorteil, die Pumpenstation außerhalb der Vergasungsanlage belassen zu können.

Eine weitere Überlegung war ebenfalls maßgeblich für die Beibehaltung des alten Planes. Bei späteren Großanlagen für UtV würde es sicher auch notwendig sein, bei laufendem Vergasungsbetrieb Wasserhaltung zu betreiben. Hier ergab sich gleich eine Gelegenheit, einen entsprechenden Versuch innerhalb des geplanten UtV-Versuches vorzunehmen. Wie sich später dann auch herausstellte, gab es keinerlei technische Schwierigkeiten bei der Wasserhaltung. Nachteilig erwiesen sich außer den Pumpkosten allerdings die vielen Feiertagsschichten zur Überwachung der Pumpen, die jedoch lange nicht die Kosten für neue Strecken ausmachten.

Die Pumpkosten waren verhältnismäßig niedrig wegen der relativ kleinen Mengen und der geringen Förderhöhe. Sie haben vom 23.5.1958 bis 7.4.1959 DM 4.625,25 betragen.

Beim Hochbrechen von der Verbindungsstrecke zum Oberflöz konnten Proben aus dem Hangenden genommen werden. Die Ergebnisse der Untersuchungen wurden ebenso wie die Analysen aus den Kohlenproben, welche beim Streckenvortrieb anfielen, im Abschnitt 1.4 schon besprochen. Es zeigte sich bald, daß das Oberflöz reichlich Wasser führte. Es war etwa 1,2 m stark mit einem 40 cm dicken Zwischenmittel aus Sandstein.

Die Strecke im Oberflöz wurde 20 m lang nach Osten vorgetrieben und zwar derart, daß die etwa 40 cm starke untere Bank des Oberflözes in der oberen Stoßhäfte anhielt. Die Absicht, in der Kohle die geplanten Horizontalbohrlöcher herzustellen, erwies sich als sehr zeitraubend. Die Löcher mußten von Hand gebohrt werden. Es gelang jedoch, eine Reihe von 6 bis 8 m langen Bohrlöchern in die Kohle zu bohren, so daß etwa 160 m^2 überdeckt waren. Nachteiligerweise brachten die Bohrlöcher aber auch Wasser.

3.22 Tiefbohrungen, Verrohrung und Abdichtung der Bohrlöcher

Die Tiefbohrungen stellten für den Bau der Vergasungsanlage das größte technische Problem dar. Anfragen bei verschiedenen Bohrfirmen für Übernahme der Bohrarbeiten bewiesen auch bald in den Angeboten, daß es sich um ein äußerst schwieriges Bohrprojekt handelte, da die Gebirgsschichten sehr unterschiedlich waren. Sehr harter Basalt, Tuffe mit Basaltknollen und Tone, ebenfalls mit harten Einlagerungen, wechselten ab. Bei den Vorverhandlungen zeigte sich, daß z.B. eine der größten Tiefbohrfirmen der Bundesrepublik wegen der Unsicherheit und der geringen Erfahrung mit Bohrungen auf dem Westerwald den Auftrag nicht übernehmen wollte.

Für die Gewerkschaft Wohlfahrt blieb nur noch der Weg, die Bohrungen und Verrohrung der Bohrlöcher mit geliehenen Bohrgeräten selbst auszuführen. Hierfür wurde ein Bohrgerät, Typ Wirth HS 51/4 leihweise beschafft.

Bohrloch 2 sollte im Querschnitt das größte Bohrloch werden, das je auf dem Westerwald niedergebracht worden ist.

Die recht schwierigen Bohrarbeiten für Bohrloch 1 (s. Abb.17) begannen am 6.10.1958.

A b b i l d u n g   17

Bohranlage bei Bohrloch 1

Am 20.10. hatte das 116 mm ∅ Bohrloch seine endgültige Teufe von 65,13 m erreicht. Es hatte jedoch nicht die Strecke im Oberflöz genau getroffen. Beim Laufenlassen des Bohrgerätes konnte man aber die Krone deutlich von der Strecke aus im Stoß mahlen hören. Nachdem mit der Keilhaue nicht genügend Platz geschlagen werden konnte, wurde versucht, das Bohrloch frei zu schießen. Als am 20.10. nachts noch einige Schüsse abgetan worden waren und die beiden Hauer von ihrem Frühstücksort am Schacht wieder zurückkamen, stellten sie fest, daß das Bohrloch frei war und es einen Wassereinbruch von außergewöhnlichem Ausmaß verursacht hatte. Das gesamte Streckensystem der Vergasungsanlage und beide Pumpen standen unter Wasser. Eine Pumpe war mit laufendem Motor ersoffen. Am 21.10. morgens lief das Wasser bereits über den Bremsberg und konnte mit 1,5 m^3/min Zulauf gemessen werden. Selbst der Stollen stand unter Wasser, wie Abbildung 18 zeigt.

Abbildung 18

Stollen nach Wassereinbruch

Für das Sümpfen mußten große Pumpen beschafft und installiert werden, was bei den geringen Leitungsquerschnitten und der Spannung von nur 380 V auf große Schwierigkeiten stieß.

Am 24.10. war die Sohle der Vergasungsstrecke wieder erreicht und erst am 27.10. gelang es, zum Oberflöz hochzuklettern und den Schaden zu besehen. Der Schuß hatte das Bohrloch freigelegt und ein Strahl von immer noch 900 l'min ergoß sich daraus.

Am Fuß des Überbruches konnte mit Stoppuhr und Karbidtrommel die Menge des aus dem 300 mm ⌀-Rohr austretenden Wassers gemessen werden, wie Abbildung 19 zeigt.

Am 21.10. war schon die 80 mm ⌀-Verrohrung eingelassen worden. Hierfür waren die eingelassenen Rohrschüsse von 6 m Länge mit Schellen gepackt und auf Unterleghölzern festgelegt worden. Jedes neue Rohr wurde mit der Winde des Bohrturms hochgezogen und dann auf das untere aufgesetzt und verschweißt. Die gesamte Rohrtour ließ sich gut bis auf die letzten 12 m einführen. Von da ab ließ sie sich nur mit Gewalt bis auf ihre endgültige Länge von 64,25 m herunterdrücken.

Trotz der Verengung des Bohrlochquerschnittes durch das Rohr sank der Wasserzufluß nicht unter 750 l/min, wie am 31.10. gemessen wurde.

Abbildung 19

Wassermessung nach dem Wassereinbruch

Als bis zum 12.11. der Wasserstrom von 600 l/min aus Bohrloch 1 immer noch nicht nachließ, wurde versucht, das Bohrloch abzudichten und zu vergießen.

Da sich bei Verschluß des Bohrloches sofort eine Wassersäule mit mehreren atü Druck bilden würde, mußte ein konisches Rohr zunächst bei offenem Wasserhahn, zur Vermeidung von Druckbildung, von unten mit einer 15-t-Winde in das Bohrloch hineingepreßt werden. Das gelang auch ohne weiteres.

Zugleich wurde die Rohrtour von unten her mit einem Holzstopfen abgedichtet und von über Tage her hintergossen mit einer Mischung von 85 % Tonerdezement, 10 % Rheinsand und 5 % Sägemehl. Mit der Zeit ließ der Wasserzulauf aus den Klüften nach und reduzierte sich auf 50 l/min bis die Mischung abgebunden hatte.

Weil die größten Undichtigkeiten jedoch immer noch in den Klüften der nächsten Nähe des Bohrloches waren, mußte der Versuch gemacht werden, zwei Meter vor dem Bohrloch einen Damm zu ziehen, und den Hohlraum mit Tonbatzen auszufüllen. An die Verrohrung des Bohrloch 1 mußte dafür ein Krümmer mit einem Paßstück angebracht werden, das in Abbildung 20 zu sehen ist.

A b b i l d u n g   20

Damm unter Bohrloch 1

Oben links das Gasrohr, unten Wasserrohr und in der Mitte Ton kurz vor dem Zumauern

Weiter erkennt man auf der Abbildung den Ton, welcher im Hohlraum hinter dem Damm verstampft worden war. Das noch fließende Wasser wurde durch ein besonderes Flanschrohr geführt, damit sich während des Mauerns hinter dem Damm kein Wasserdruck bilden konnte. Nach Verschluß des Dammes und einer Zeit zum Abbinden des Mörtels wurde dann das Flanschrohr durch einen Blindflansch geschlossen. Damit war eine einigermaßen gute Abdichtung des Bohrloches 1 erzielt. Später konnte dann in der Nähe des Überhauens der zweite Damm hergestellt und damit ein Raum geschaffen werden, in den Gase aus dem Oberflöz eindringen und durch die Verrohrung nach über Tage gelangen konnten (vgl. Anlage F). Zum Abfluß der noch zulaufenden geringen Wassermenge wurde eine Falleitung mit Syphon zur Verbindungsstrecke heruntergezogen.

Inzwischen war auch mit den Bohrarbeiten an Bohrloch 2 begonnen worden. Hierfür wurde eine TURMAG-Tannenbaumkrone P IV/6 an dem Wirthgerät befestigt. Bei der ersten Erweiterungsbohrung auf 210 mm zeigte sich, daß das Bohrloch stets an der gleichen Stelle, etwa bei 56 m verstopfte. Damit das anfallende Bohrmehl nicht eine restlose Verstopfung des Bohrloches verursachte, mußte die betreffende Stelle laufend mit einem kleineren Querschnitt wieder aufgebohrt werden.

Die an sich für Steinkohlengebirge vorgesehene Tannenbaumkrone zeigte sich für den Basalt als ungeeignet. Da keine anderen Kronen zu haben waren und auch Geld für Versuche mit Rollenmeisseln fehlte, wurden für das Weiterbohren Änderungen zur Verstärkung der Krone vorgenommen.

Nachdem Bohrloch 2 auf 210 mm ⌀ erweitert war, begann die Krone beim Bohren des letzten Schnittes auf 300 mm ⌀ im Bohrloch sehr stark zu schlagen. Die Schwingungen setzten sich in fast beängstigendem Maße auf die 63 mm starken Bohrstangen über, wodurch die Halterung am Turm ins Schwingen geriet. Das Ergebnis dieser starken Beanspruchung zeigte sich bald in laufenden Reparaturen am Bohrgerät. Natürlich brachen dadurch auch in verstärktem Maße die Meißel ab. Die in Abbildung 21 dargestellte Anordnung der Bohrkrone mit selbst angefertigten Führungen hatte sich noch am wirkungsvollsten erwiesen. Die Krone war jedoch 1,80 m lang, was beim Meißelwechsel ein zeitraubendes und langwieriges Auseinanderbauen der Krone über dem offenen Bohrloch erforderte.

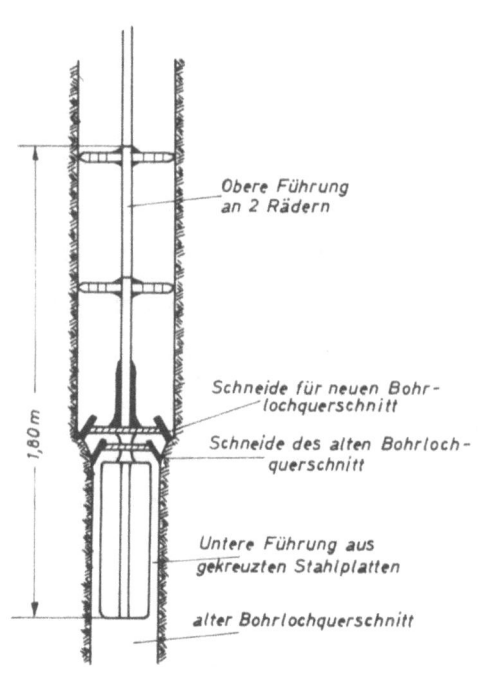

Abbildung 21

Bohrkrone

Als Bohrloch 2 erneut verstopfte, bestand Einigkeit darüber, den Hohlraum bei 56 m zu zementieren und den Zement später wieder zu durchbohren. Beim Eintreten weiterer Verstopfungen wäre es unmöglich gewesen, die spätere Verohrung in das Bohrloch einzubringen.

Die Pause bis zum Abbinden des Zementes wurde dazu benutzt, das vorher nicht geplante Bohrloch 3 niederzubringen (vgl. Anlage C). Hierfür bestanden verschiedene Gründe. Nach Abdichtung von Bohrloch 1 liefen nunmehr 450 l/min aus Bohrloch 2. Daraus war endgültig zu schließen, daß die vermutete Verbindung zwischen beiden Löchern wirklich bestand. Bohrloch 3 sollte nun außerhalb der Vergasungsanlage oben am Gesenk die Strecke erreichen und nach Abdichtung von Bohrloch 2 dann das Gebirge entwässern, damit über der Vergasungsanlage keine größeren Wasseransammlungen mehr stattfinden konnten. Durch die Lage des Bohrloches oben am Gesenk hatte das Wasser Gelegenheit, ohne hochgepumpt zu werden, frei durch den Stollen abzulaufen.

Ferner sollte Bohrloch 3 zur Aufnahme von Telefonkabeln, Temperaturmeßkabeln, Stromzuleitung für das untere Gebläse, Pumpen usw. dienen. Schließlich war auch die Bergbehörde ganz von dem Plan, Bohrloch 3 niederzubringen, angetan, weil sich noch eine zusätzliche Bewetterung der Strecke durch Bohrloch 3 ermöglichen ließ.

Als dann am 4.12. zunächst mit großem Druck das Wasser aus Bohrloch 3 in die Strecke geflossen kam, war die Enttäuschung groß. Es bestand keine Verbindung mit den Bohrlöchern 1 und 2. Außerdem brachte das Bohrloch nur etwa 30 l/min Wasser.

Während des Bohrens bei Bohrloch 3 wurde das wieder halbverstopfte Bohrloch 2 von oben mit Papierkugeln an der schadhaften Stelle ganz zugeworfen und diese dann mit einer Mischung aus Hochofenzement und Sand im Verhältnis 30 : 70 so lange verfüllt, bis durch ein Lot das Ansteigen des Zementspiegels bemerkbar wurde.

Konnte man bei Bohrloch 1 das konische Rohr zur Abdichtung in die zähe Kohle einpressen, so mündete Bohrloch 2 in dem weichen, blauen hangenden Ton. Mit der Bohrlochverstopfung hatte der Wasserabfluß aus Bohrloch 2 fast ganz aufgehört und so war jetzt die günstige Gelegenheit gegeben, das Bohrloch unten etwas zu erweitern und dort ein 1,5 m langes 300-mm-∅-Luttenrohr einzuführen. Nachdem das nach der in Abbildung 22 gezeigten Weise gelungen war, wurde der Zwischenraum zwischen Rohr und Gebirge unten etwas mit Papier abgedichtet und mit einem an einer Stange befestigten Giesser Schnellbinderzement von innen durch das Rohr hinterfüllt. Damit war für die spätere Abdichtung ein gutes Widerlager gegeben. Wie in Abbildung 22 weiter angedeutet ist, wurde das Luttenrohr fest in den Verband der Mauer eingemauert. 1,5 m zu jeder Seite vom Bohrloch entfernt war eine Mauer mit Gewölbe hochgezogen, um für die Gase einen Einzugskanal in das Rohr zu bilden.

Abbildung 22

In das erweiterte Bohrloch 2 eingeschobenes Luttenrohr kurz vor dem Vermauern

Das Aufbohren des Zementstopfens erwies sich schwerer als gedacht. Der Wasserstrom war zu schwach, um bei dem großen Querschnitt den losgebohrten Zementschlamm mit hochzunehmen. Aus diesem Grunde mußte versucht werden, mit einer 65-mm-∅-Krone den Zementstopfen zunächst einmal zu durchbohren, damit das Bohrloch ausgespült werden konnte.

Anschließend wurde das Bohrloch von unten nach oben bis an den 35 m Punkt auf 300 mm ∅ erweitert. Hier muß erwähnt werden, daß beim Hochziehen der Bohrkrone der Bohrfortschritt fast doppelt so groß war als beim Bohren von oben nach unten. Abbildung 23 zeigt einen Blick in das fertiggestellte Bohrloch 2.

Nach anfänglichen sehr großen Schwierigkeiten gelang es am 31.12.1958, die gesamte Rohrtour in das Bohrloch 2 einzulassen, wobei wie bei Bohrloch 1 die einzelnen Rohre beim Einlassen zusammengeschweißt wurden.

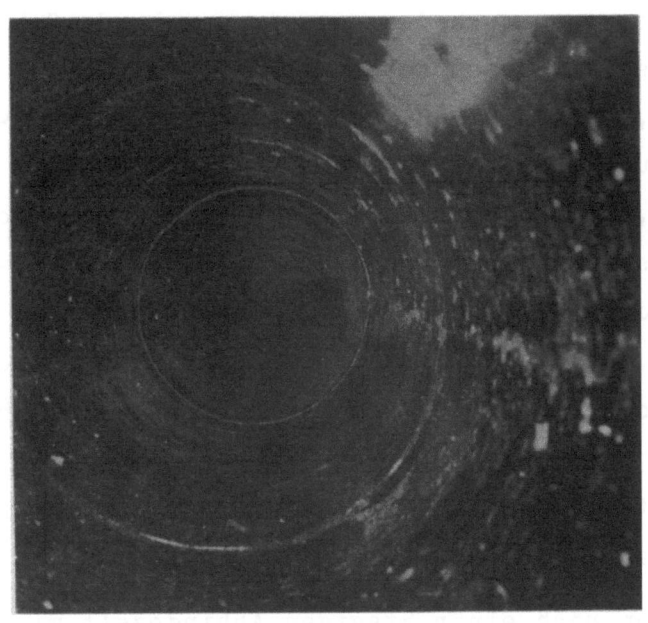

Abbildung 23

Blick in das Bohrloch 2 vor der Verrohrung

Verschiedene Versuche zur Abdichtung des noch freien Raumes zwischen Rohrtour und Luttenrohr misslangen (vgl. Abb.24).

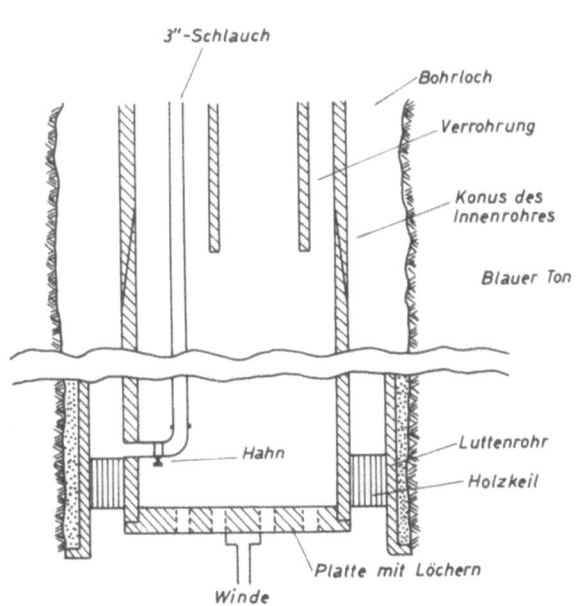

Abbildung 24

Einbau des Innenrohres

Dieses war während der Bohrarbeiten so stark zerstört worden, daß bei dem ersten Abdichtungsversuch das gesamte umgebende Gebirge herausbrach. Hier mußte zunächst mit Zementsäcken abgedichtet werden. Die Überlegungen führten dahin, zur Sicherheit noch ein 3 m langes Zwischenrohr zwischen Verrohrung und Lutte einzubauen (s. Abb.24). Dies war ohne weiteres nicht möglich, weil die freie Höhe unter dem Bohrloch nur 1,80 m betrug und daher das Rohr nicht als Ganzes einzuschieben war. Es wurde daher, wie in Abbildung 24 gezeigt, das 3-m-Rohr zunächst halbiert und konisch gedreht, so daß die beiden Hälften später im Luttenrohr ineinander gesteckt werden konnten. An der unteren der beiden Rohrhälften befand sich ein Hahn mit Anschluß für einen 3"-Schlauch, damit das 3-m-Rohr von über Tage her hintergossen werden konnte. Das Einbringen und Abdichten dieses Rohres gelang schnell.

Am 11.1. wurde dann nach einer 5tägigen Abbindezeit mit der endgültigen Abdichtung begonnen.

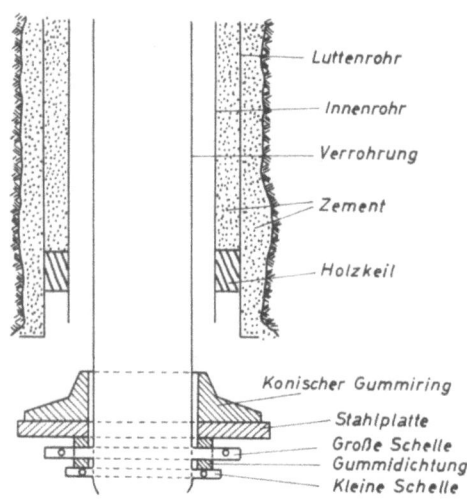

A b b i l d u n g   25

Abdichtung mit konischem Gummiring

Die an der Winde des Bohrturms hängende Rohrtour wurde zunächst abgelassen und von der Strecke her ein konischer Gummiverschluß am Rohr befestigt.

Als die gesamte Vorrichtung, so wie in Abbildung 25 dargestellt, an dem Rohr befestigt war, wurde mit der Bohrwinde die ganze Rohrtour samt der Gummiplatte hochgezogen und mit der Öldruckwinde von unten fest gegen Luttenrohr und Innenrohr angepreßt.

Das gelang innerhalb weniger Minuten und das Bohrloch war absolut dicht. Sofort wurde dann der Hahn aufgedreht und mit der Wasserpumpe von über Tage her Tonerdezementtrübe durch den 3"-Schlauch eingelassen.

Als Bühne und Winde abgebaut waren, bot sich das Bild wie in Abbildung 26 dargestellt.

Abbildung 26

Abgedichtetes Bohrloch 2 mit Einströmkanal

Am 18.1.1959 waren alle Bohr-, Verrohrungs- und Abdichtungsarbeiten erfolgreich beendet. Abbildung 27 zeigt das trockene Bohrloch 2 von unten. Diese recht schwierigen Arbeiten waren nur durch den restlosen Einsatz von Gesundheit und sogar auch des Lebens aller daran Beteiligten möglich. Es muß hervorgehoben werden, daß es zu keinem Unfall gekommen ist.

Es muß bemerkt werden, daß alle Arbeiten stets unter dem Zulauf von mehr als 400 m^3/min eiskaltem Wasser ausgeführt werden mussten. Selbst mit Gummianzug war man innerhalb weniger Sekunden völlig durchnässt. Erschwerend war, daß man in dem Wasserstrom nur mit Unterwasserbrillen sehen konnte und die Hände nach wenigen Minuten steif wurden. Die Kälte wurde noch verstärkt durch die durch das Bohrloch einfallenden Wetter von weniger als -10° C. Alle waren erkältet.

Abbildung 27

Verrohrung mit Schellen, Stahlplatten und Gummizug

3.23 Installation der Vergasungsanlage

Vor der Installation der Vergasungsanlage waren noch einige bergmännische Arbeiten notwendig. So mußte z.B. im Stollen (vgl. Anlage C) noch eine Wettertür eingebaut werden.

Ferner mußte in der Verbindungsstrecke der Vergasungsanlage ein Gaszug ausgekohlt werden (vgl. Anlage F), damit nach Herunterschießen des Hangenden in der Verbindungsstrecke für Beginn des Vergasungsversuches zunächst einmal eine Gaszugsmöglichkeit bestand. Schließlich mußte auch noch der Hauptdamm (vgl. Anlage F) fertig gestellt werden.

Am 9.1. wurden die Propangasleitungen verlegt und der Brenner eingebaut. Abbildung 28 zeigt die Propangasleitung im vorderen Teil der Luftstrecke und Abbildung 29 einen Teil des Brenners vor dem Einbau. Abbildung 30 gibt einen Überblick über die Wirkungsweise des Brenners. Die zwanzig Rohre sollen Koks und Kohle auf 7,5 m Länge mit je einer 1 m langen Flamme anstrahlen. Im Hintergrund ist ein Widerlager zu erkennen, das die Mauerung der Luftstrecke bei Druck aus dem Hangenden nach Abbrand der Kohle noch abstützen soll. Der Zünder wurde wegen Verstopfungsgefahr für die engen Bohrungen erst einen Tag vor Versuchsbeginn eingebaut. Am 16.1.

A b b i l d u n g   28

Propangasleitung im vorderen Teil
der Luftstrecke

A b b i l d u n g   29

Teil des Brenners kurz
vor dem Einbau

A b b i l d u n g   30

Brenner ohne Zünder

A b b i l d u n g   31

Blick auf den Damm während
der Installation

konnten die Ausgleichsleitungen für die Thermoelemente eingebaut und geeicht werden. Die Meßstellen der Thermoelemente 1 bis 6 sind aus Anlage F zu ersehen. Die isolierten Leitungen wurden etwa 40 cm tief in die Wasserrösche eingebettet, waren also stets gekühlt und Temperaturschwankungen nicht so stark unterworfen. An den Meßstellen wurden sie tief in den jeweiligen Streckenstoß eingemauert, so daß nur die Thermoelemente selbst in den Gasstrom hineinreichten. Vor dem Damm wurden die sechs Ausgleichsleitungen an ein 7aderiges Kabel angeschlossen, das durch Bohrloch 3 zum Labor führte. Am 21.1. konnte dann der 6-Farbenschreiber angeschlossen und die Temperaturmessung überprüft werden.

Abbildung 31 zeigt das Mannloch mit Explosionsklappe, die Meßblende in dem Luftzufuhrstutzen und die Ausgleichsleitungen für die Thermoelemente beim Einbau. Auf Abbildung 32 ist das Plexiglasfenster der geschlossenen Explosionsklappe und die Wasserleitung zu erkennen.

Abbildung 32

Explosionsklappe mit Gummidichtung geschlossen

Am 19.1. wurde das untere Gebläse eingebaut und elektrisch installiert. Nach Fertigstellung des Dammes fand ein Probelauf des Gebläses statt.

Die letzten Arbeiten unter Tage vor Beginn der Versuche bestanden in der Herstellung einer Telefonverbindung von Punkt T (in Anlage F) zum Büro und dem Labor über Tage, der Einrichtung der Hauptmeßstelle unter Tage am Damm (s. Abb.33) und dem Einbau des Zünders sowie der Installation der Propangasflaschenbatterie an die Sammelleitung im 3. nördlichen Querschlag wie es Abbildung 34 darstellt.

Abbildung 33   Abbildung 34

Meßstelle am Damm   Gasbatterie

Über Tage war inzwischen die Laborbaracke aufgestellt und das Fundament für das obere Gebläse hochgemauert worden. Dieses mußte wegen der notwendigen freien Geraden vor und hinter der Meßblende im Entnahmerohr 1,3 m hochgesetzt werden (s. Abb.35).

Von der Laborbaracke aus konnten außer bei den Pumpen alle Motore ein- und ausgeschaltet werden. Für die Wasserhaltung wurde später noch eine automatische Wasserstandanzeige eingebaut, mit deren Hilfe bei Überschreiten eines bestimmten Wasserstandes am Damm in der Baracke eine Hupe betätigt wurde und ein rotes Warnlicht aufleuchtete. Auf Abbildung 36 sind Schalteinrichtungen und die Anlasser für die Gebläse zu erkennen.

Am 27.1. war auch das obere Gebläse installiert und arbeitete im Probelauf ausgezeichnet. Alsdann wurde über Bohrloch 1 ein Lüfter angeschlossen, der es gestattete, von der Oberlagerstrecke Gas zu entnehmen. Hinter

 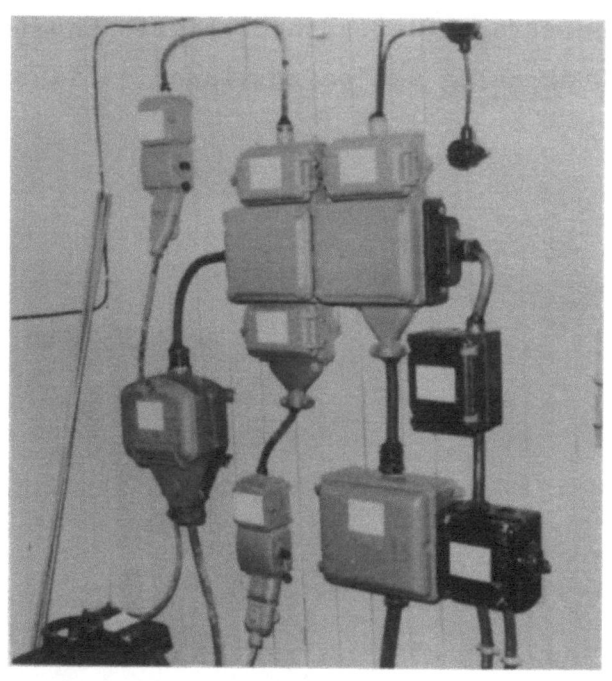

A b b i l d u n g   35

Laborbaracke, oberes Gebläse
und Hauptentnahmerohr

A b b i l d u n g   36

Schalter für die Gebläse
und Lüfter

dem Lüfter befand sich eine Vorrichtung, mit der Gasmäuse bequem gefühlt werden konnten. Bohrloch 3 wurde mit einem blasenden Lüfter versehen, mit dessen Hilfe die Strecke vom Damm zum 3. nördlichen Querschlag zusätzlich bewettert werden sollte.

Das von dem Entnahmebohrloch 2 durch ein 10-mm-⌀-Rohr in das Labor geführte Probegas sollte zuerst einmal eine Waschflaschenbatterie durchfließen und dann in eine Verteilerleitung mit verschiedenen Dreiwegehähnen strömen. Abbildung 37 zeigt, wie die Gasleitung oben durch die Wand tritt.

Hinter dem Verteiler sind die beiden Monogeräte und das Orsatgerät angeschlossen, welches auf Abbildung 38 zu erkennen ist. Ferner ist dort der Heizwertmesser und die Wasserkühlanlage mit elektrischer Saugpumpe für die CH_4-Bestimmung mit dem Orsat zu erkennen.

Für die Laborarbeiten standen drei Laboranten in drei 8-Stunden-Schichten auch sonn- und feiertags zur Verfügung.

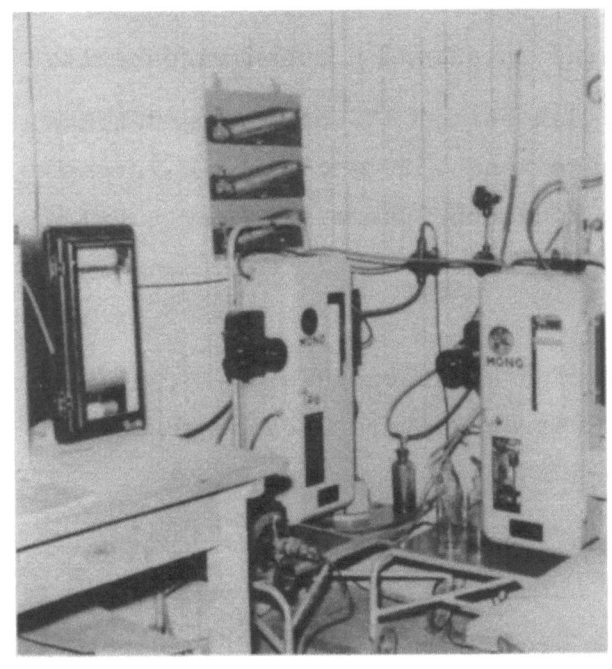 

Abbildung 37   Abbildung 38

Probegasleitung, Waschflaschen,   Orsatgerät, Heizwertmesser und
Monogeräte und Sechsfarbenschreiber   Kühlanlage für Orsat

4.0 Durchführung der Versuche

4.1 Kaltversuche

Bevor das Flöz angesteckt wurde, war es zweckmäßig, eingehende Kaltversuche vorlaufen zu lassen. Diese begannen am 2.2.1959 unter maßgeblicher Mitarbeit des Herrn Dr. GROH von der BKB. Aufgrund seiner reichhaltigen Erfahrung im Anblasen von Schwelwerken hatte er sich auch zur Verfügung gestellt, beim Zünden der Kohle und zu Beginn des Vergasungsversuches mit Rat und Tat mitzuhelfen.

Bei den Kaltversuchen sollte festgestellt werden:

1. Welche Leistungen die Gebläse einzeln oder zusammen abgeben.

2. Wie groß die Wetter- bzw. Luftgeschwindigkeit an verschiedenen Meßstellen sind.

3. Wie die Strömungsrichtung der Wetter bzw. Luft unter bestimmten Bedingungen verläuft.

4. Welche Drücke zu erwarten waren.

5. Wie sich Über- und Unterdruck auf die Entwässerung der Vergasungsanlage auswirkten.

Die Ergebnisse dieser Untersuchungen sind in Anlage H zusammengestellt.

Im Laufe der Kaltversuche zeigte sich, daß bei 11 °C das untere Gebläse allein bei voller Leistung eine Luftmenge von 3.320 m^3/h in die Vergasungsanlage eindrückte. Bei geöffnetem Bohrloch 2 erreichte der Luftdruck in der Anlage 450 WS. Wurde der Schieber bei Bohrloch 2 geschlossen, so stieg der Überdruck auf 1.000 mm WS.

An Bohrloch 2 konnte bei mit Vollast laufendem oberen Gebläse 3.280 m^3/h abgesaugte Luft gemessen werden. Dabei war das untere Gebläse abgeschaltet. Am Damm entstand ein Unterdruck von -500 mm WS.

Liefen beide Gebläse zusammen auf vollen Touren, so steigerte sich die durchgesetzte Luftmenge auf 4.060 m^3/h Luft mit einem Druck von 40 mm WS am Damm. Durch Regulierung war es möglich, mit zwei laufenden Gebläsen den Druck in der Anlage auf $\pm$ 0 einzustellen.

Die unter Berücksichtigung der Streckenquerschnitte und mit Hilfe eines Anemometers ermittelten Luftmengen sind in ihrer Angabe etwas ungenauer als die an den Meßblenden ermittelten Werte. In Bohrloch 1 und der Gasstrecke im Oberflöz glichen sich die Drücke denen der Anlage an. Daraus mußte geschlossen werden, daß der Gasdamm im Oberflöz nicht einwandfrei dicht war.

Wenn das Gebläse unten lief und auf eine Liefermenge von etwa 2.000 m^3/h eingestellt war, stagnierten die Wetter im 3. nördlichen Querschlag, d.h., die durch die Luttenleitung an das Gebläse herangebrachte Luft wurde völlig in die Anlage abgesaugt. Lag die Liefermenge des Gebläses am Damm unter 2.000 m^3/h, so strömten Wetter aus der 500-mm-$\emptyset$-Luttentour in den 3. nördlichen Querschlag zurück. Lag die Leistung dagegen über 2.000 m^3/h, so floß ein zusätzlicher Wetterstrom durch den 3. nördlichen Querschlag zum Damm. Hinsichtlich der Bewetterung des 3. nördlichen Querschlages war es also zweckmäßig, die Vergasungsluftmenge später nicht gerade auf 2.000 m^3/h zu stellen.

Der Schacht war stets ausziehend und saugte bei stehenden Gebläsen Luft durch alle Bohrlöcher an. Der Wasserzufluß aus der Anlage wurde täglich gemessen. Er betrug zu Beginn des Versuches 130 l/min.

Schließlich wurde der Hauptdamm mit Rauchröhrchen untersucht und festgestellt, daß er völlig gasdicht war. Ein Druckabfall beim Schließen sämtlicher Schieber trat nur sehr langsam ein, so daß man die Gasdichte auch der Gesamtanlage als erwiesen ansehen konnte.

Am 5.2. liefen die Gebläse einwandfrei, alle Meßinstrumente waren überprüft und in Ordnung. Nachdem der Zünder eingebaut war, konnte mit dem Versuch begonnen werden.

4.2 Anheizen der Anlage

Am 6.2.1959 um 11,30 Uhr konnte das Kohlenflöz angesteckt werden. Nach einer kurzen Überprüfung des Brenners wurde Propangas in das Zündrohr eingelassen und vom Damm her durch Betätigung eines elektrischen Schalters gezündet. Durch das in der Explosionsklappe eingelassene Fenster war sogleich der Lichtschein jenseits der Mauerung durch die Löcher derselben zu erkennen.

Nach einer kurzen Wartezeit wurde das untere Gebläse am Damm angelassen und auf eine Luftmenge von 2.000 Nm^3/h eingestellt. Der Luftdruck in der Anlage stellte sich auf 240 mm WS ein. Etwa 1/4 Stunde später begann Thermoelement 1 geringe Temperaturerhöhung anzuzeigen. Alsdann wurde der Hauptgashahn an der Propangasbatterie aufgedreht und der Brenner in Betrieb gesetzt. Durch das Fenster am Damm war jetzt ein heller flackernder Feuerschein zu sehen. Über Tage trat bald aus dem Entnahmerohr 2 weißer Rauch aus.

Alle vier Stunden wurde der Damm befahren. Die Bergbehörde hatte das Begehen des 3. nördlichen Querschlages nur unter Mitnahme eines Kreislaufatemgerätes erlaubt. Sobald CO-Gas im Querschlag auftrat, sollte dieser sofort verlassen werden. Zur Untersuchung der Atemluft wurden bei den Befahrungen stets Prüfröhrchen mitgeführt und an bestimmten Punkten Proben genommen. Abbildung 39 zeigt die vorgeschriebene Ausrüstung mit Gasspürgerät.

Als sich innerhalb der ersten 24 Stunden nichts besonderes ereignete, die Temperaturen kaum anstiegen und nur etwas Wasserdampf aus der Anlage austrat, wurde am 7.2. um 12,30 Uhr das Gebläse unten abgestellt und das obere saugenden Gebläse eingeschaltet und zunächst mit voller Leistung laufen lassen. Es stellte sich ein Unterdruck von -175 mm WS ein. Die geförderte Gasmenge betrug 3.600 Nm^3/h. Sofort stieg die Temperatur an. Thermoelement 1 zeigte innerhalb einer Stunde eine Temperatursteigerung auf 120 °C an, während die Austrittstemperatur des Gases in der gleichen Zeit von 14 auf 22 °C anstieg. Am Monogerät war die Produktion von 4 % CO_2 abzulesen.

Abbildung 39

Befahrung des Dammes

Die Befahrung um 15,oo Uhr zeigte, daß infolge des hohen Unterdruckes das Wasser nicht ordnungsgemäß aus der Anlage herauslief und schon 20 cm hoch im Mannloch stand. Als daraufhin umgehend das obere Gebläse abgeschaltet und das untere mit 800 Nm^3/h wieder angelassen worden war, sanken sogleich die Temperaturen und auch der CO_2-Gehalt im Gas. Lediglich die Gastemperatur am Gasaustritt stieg kontinuierlich weiter an. Das Wasser lief gut aus der Anlage heraus und konnte abgepumpt werden. Bis zum 9.2. wurde nichts mehr an den Gebläsen verstellt.

Am 8.2. gegen 12,oo Uhr zeigte das Monogerät die ersten brennbaren Bestandteile im Gas mit etwa 1 % an. Gegen 18,oo Uhr stieg die Temperatur vom Thermoelement 1 stärker an und erreichte um 24,oo Uhr seinen höchsten Punkt mit 250 ^oC für die gesamte Versuchsdauer. Thermoelement 2 am Ende der Luftstrecke stieg um 15 ^oC und zeigte damit an, daß die Vergasungsluft tatsächlich auch vorgewärmt wurde. Thermoelement 5 brachte einen fast linearen Anstieg der Temperatur und hatte bis zum 9.2. abends fast 400 ^oC erreicht. Die Thermoelemente 3 und 4 zeigten zuerst noch keine wesentliche Temperaturveränderung. Alle diese Veränderungen sind in den als Anlage beigegebenen Diagrammen J bis M leicht zu übersehen.

Bei der Befahrung um 13,oo Uhr am 9.2. wurde im 3. nördlichen Querschlag 0,05 % CO gemessen. Das bewies, daß in gewissem Umfang doch Gasströmungen nach außerhalb der Anlage stattfinden mußten. Eigenartigerweise war stets die größte Gasansammlung nicht am Damm, sondern am Fuße des Bremsberges. Es kann vermutet werden, daß das CO-Gas in ehemalig wasserführenden Kanälen innerhalb des Flözes zum Bremsberg geströmt ist. Die Menge von 0,05 % CO in der Atemluft brachte für längeren Aufenthalt schon Vergiftungsgefahr für Menschen in der Strecke. Die als Indikatoren an verschiedenen Stellen in den Strecken aufgestellten weißen Mäuse zeigten keinerlei Wirkung.

Um die Kontrollmänner nicht unnötig zu gefährden, und die Strecke wieder von CO-Gas zu reinigen, wurde am 9.2. gegen 14,oo Uhr das obere Gebläse wieder ein- und das Druckgebläse am Damm abgeschaltet, damit in der Vergasungsanlage Unterdruck entstand. Auf keinen Fall sollte aber wieder Wasser in der Anlage zurückbleiben. Deshalb wurde der Unterdruck am Damm auf -30 mm WS einreguliert. Der Gasaustritt belief sich dabei etwa auf 700 Nm^3/h.

Gleich mit dem Umstellen auf Unterdruck zeigte Meßstelle 5 einen Temperatursprung von 30 $^{\circ}$C. Innerhalb von einer halben Stunde stieg die CO_2-Produktion von 5 auf 7 % und die brennbaren Bestandteile im Gas erhöhten sich von 2 auf 4 %.

Nach der Umstellung war jedoch der Lichtschein durch das Fenster am Damm nicht mehr zu sehen.

Die Druckschwankungen in der Vergasungsanlage, hervorgerufen durch die Umstellung an den Gebläsen, wirkte sich auch unvorhergesehenermaßen stark auf die Regler an den Propangasflaschen aus. Bei Überdruck in der Anlage floß weniger Propan zum Brenner. Aus diesem Grunde dauerte es auch einige Stunden länger als berechnet, bis das Propan verbraucht war.

Jetzt zeigte sich auch ein Unterschied in den Analysen der Bohrlöcher 1 und 2. Der O_2- und CO_2-Gehalt der Proben aus Bohrloch 1 war stets niedriger als der aus Bohrloch 2.

Datum	Gas	Bohrloch 1	Bohrloch 2
7.2.	CO_2	0,2	0,2
7.2.	O_2	19,1	20,8
8.2.	CO_2	0,4	2,8
9.2.	CO_2	2,4	5,5
9.2.	O_2	13,4	13,8

Im Laufe des 11.2. wurde das Gas laufend besser und erreichte bis abends einen unteren Heizwert von 338 kcal/Nm³. Die Temperatur des Entnahmegases war stetig bis auf 62° gestiegen. Thermoelement 5 zeigte 560 °C. Inzwischen war auch an Thermoelement 3 eine Temperaturanzeige von 240 °C zu bemerken. Warum die Meßstelle 5 höhere Temperatur als Meßstelle 3 hatte, läßt sich schwerlich erklären. Es ist möglich, daß im Bereich von Thermoelement 3 das Hangende heruntergebrochen war und die heißen Gase über das Haufwerk hinwegströmten.

Mit dem 11.2., also nach 6 Tagen, konnte man die eigentliche Anheizperiode als beendet ansehen. Es traten jetzt geeignete Bedingungen für eine untertägige Vergasung von Kohle ein.

4.3 Vergasungsperiode

4.31 Gasbildung

Weil die Anlage sich bisher gut aufgewärmt hatte, sollte am 12.2. der Versuch gemacht werden, zuerst eine zeitlang mehr Vergasungsluft zuzuführen und die Luftzufuhr dann zu drosseln, damit sich mehr brennbares Gas bilden konnte. Zur Vermeidung von großem Unterdruck bei hoher Leistung des saugenden Gebläses mußte der Blindflansch am Rohrstutzen beim Damm (s. Abb.7) abgeschraubt werden. Dadurch bestand keine Abdichtung mehr zwischen Grubenbau und Vergasungsanlage. Man konnte ohne Fenster in die Luftstrecke hineinsehen. Damit war übrigens auch der Beweis erbracht, daß bei Betrieb mit Unterdruck auf einen kostspieligen Damm überhaupt verzichtet werden konnte. Der Gasaustritt aus Bohrloch 2 steigerte sich bei offenem Rohrstutzen auf 3.050 Nm³/h bei 63 °C, während der Unterdruck am Damm auf -24 mm WS zurückging. Als um 10,00 Uhr, nach 3 1/2 Stunden, die Entnahme auf 600 Nm³/h reduziert und der Blindflansch wieder angebracht worden war, konnte das Gas an Bohrloch 2 mit einer Propangasflamme angesteckt werden und brannte von allein. Um 11,00 Uhr zeigte der Monoschreiber 20 % brennbare Bestandteile.

Die Anzeige von Thermoelement 3 stieg jetzt rasch auf 1.000 °C. Wegen des Unterdruckes in der Anlage konnten keine Proben aus Bohrloch 1 genommen werden. Die am 12.2. um 11,oo Uhr gezogene Analyse erbrachte:

CO_2 [%]	CnHm [%]	O_2 [%]	CO [%]	H_2 [%]	Hu [kcal/Nm^3]	CH_4 [%]
11,0	0,0	6,1	5,6	14,4	540	nicht bestimmt

Wegen eines vorübergehenden Schadens am Orsat-Apparat konnte CH_4 im Augenblick nicht bestimmt werden. Nach den später gemachten Erfahrungen muß mit rund 2 % CH_4 gerechnet werden, wodurch sich der Heizwert des Gases tatsächlich auf etwa 730 kcal/Nm^3 erhöht. Deswegen hat es auch gebrannt.

Als der Monostreifen plötzlich wieder ein Absinken der brennbaren Bestandteile anzeigte, wurde die Gasentnahme auf 1.000 Nm^3/h gesteigert. Es war jedoch keine Verbesserung des Gases zu bemerken. Aus diesem Grunde wurde am 13.2. der gleiche Vorgang wie am Vortage wiederholt. Der Flansch wurde entfernt und das Gebläse wieder auf 3.000 Nm^3/h eingestellt. Der Unterdruck am Damm war diesmal nur -17 mm WS, was auf bessere Strömungsbedingungen und größeren Hohlraum schließen ließ. Sofort stiegen die brennbaren Bestandteile wieder von 11 auf 18 % an.

Der Monoschreiber zeigte über 15 Stunden sehr starke Veränderungen im Prozentsatz der brennbaren Bestandteile, ohne daß am Gebläse oder sonstwo etwas geändert wurde. Die allgemeine Tendenz lief jedoch auf eine Verschlechterung des Gases hinaus.

Der Widerstandsdruck der Anlage veränderte sich ebenfalls bei gleichbleibender Gasentnahme schwankend von 110 über 125 auf 108 mm WS. Diese Druckschwankungen sind möglicherweise auf Änderungen des Strömungsquerschnittes innerhalb der Anlage zurückzuführen, die durch herabfallende Gesteinsmassen aus dem Hangenden verursacht worden sind. Die stark wechselnde Qualität der Gasproduktion bestärkt die Annahme, nach welcher die herabfallenden Massen den Stoß bedeckten, wodurch zunächst die Reaktionszone kleiner wurde. Erst als sich wieder ein Stück frei gebrannt hatte, konnte der Anteil an dem Brennbaren wieder ansteigen.

Abbildung 40 zeigt als Beispiel, wie diese Vorgänge auf dem Monostreifen und sogar parallel dazu auf dem Streifen des Sechsfarbenschreibers gut zu erkennen und zu überwachen waren. Der Ausschnitt stammt allerdings

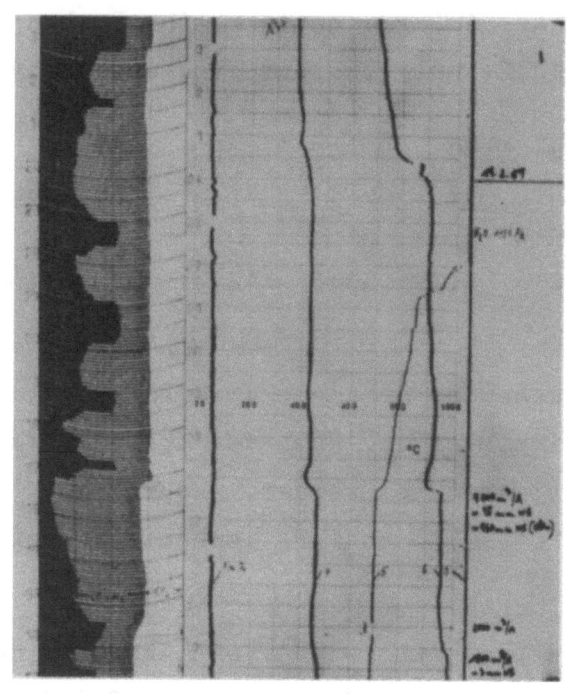

Abbildung 40

Mono- und Sechsfarbenschreiberdiagramm

vom 18.2.1959, wo das Bild besonders deutlich ist und auch noch andere Vorgänge zu erklären sind. Auf der linken Hälfte der Abbildung (Monodiagramm) ist zu erkennen, wie die Gasentnahme z.B. um 13,30 Uhr von 1.500 m³/h auf 2.000 m³/h umgestellt wurde. Infolge der größeren Luftmenge sinkt der CO_2-Gehalt von 7 auf 6 % innerhalb einer Viertelstunde (verbliebener weißer Streifen). Die brennbaren Bestandteile stiegen in 3 Stunden von 5 auf 12 % (mit weiter Schraffur). Die Höcker des Streifens (mit enger Schraffur) werden in ihrer Entstehung auf laufende Änderung der Verhältnisse innerhalb der Vergasungsanlage durch herabfallendes Gestein zurückgeführt.

Bei der Umschaltung auf 4.000 m³/h um 17,00 Uhr sinkt der CO_2-Gehalt wieder um 1 %. Deutlich ist bei der Umschaltung auch der Einfluß der größeren Luftmenge auf die Temperaturkurve des Sechsfarbenschreibers zu beobachten. Die Meßstellen 1 und 2 zeigten unverändert 60 °C an, Meßstelle 3 blieb über 1.000 °C, Meßstelle 4 sank um 40 °C auf 420 °C. Bei Meßstelle 5 kam anscheinend jetzt mehr Luft an den Kohlenstoß, so daß dort das Feuer intensiver brennen konnte. Die Temperatur steigerte sich von 700 °C innerhalb 5 Stunden auf über 1.000 °C. Meßstelle 6 zeigte Temperaturabfall um 60° auf 900 °C.

Abbildung 41 stellt dar, wie in dem Beispiel bei der Umstellung um 17,oo Uhr die Umstände in der Vergasungsstrecke sehr wahrscheinlich gewesen sind. Die Zahlen in der Abbildung geben die Standorte der sechs Thermoelemente an. Durch die größere Luftmenge wurde der Gasstrom und damit auch die Thermoelemente 4 und 6 (wahrscheinlich auch 3) gekühlt, während der Bereich um Thermoelement 5 wegen der Brüche nicht abkühlte, sondern sich das Feuer infolge der größeren Sauerstoffzufuhr ausdehnen konnte. Für ein gleichmäßiges Absenken des Hangenden mit guter Abdichtung war es wohl noch zu früh, weil der ausgegaste Hohlraum noch nicht groß genug war und sich daher noch andere Strömungskanäle für die Luft bildeten.

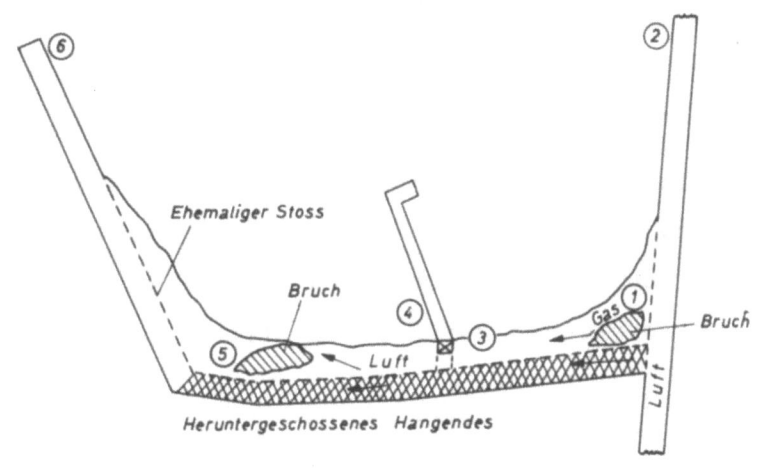

A b b i l d u n g   41

Situation in der Vergasungsstrecke

Zurückkommend zur chronologischen Folge des Versuchsablaufes ist zu sagen, daß 2,5 % CH_4 eine am 14.2. um 7,oo Uhr gezogene Gasanalyse erbrachte. Ein Zeichen also, daß auch Entgasung der Kohle eingetreten war. Der Heizwert des Gases sank aber inzwischen weiter, so daß versucht werden mußte, mehr Luft zuzuführen, um mehr Kohle zum Brennen zu bringen, also die Oxydationszone auszudehnen. Aus diesem Grunde wurden beide Gebläse auf volle Touren gebracht. Der Gasaustritt steigerte sich auf 3.500 Nm^3/h bei 4.000 Nm^3/h Vergasungsluft. Der Überdruck am Damm stieg auf 380 mm WS.

Unter diesen Umständen konnten auch wieder Proben von Bohrloch 1 gezogen werden.

Zeit Uhr	Bohrl.	CO_2 [%]	CnHm [%]	O_2 [%]	CO [%]	H_2 [%]	CH_4 [%]	N_2 [%]
7,00	2	4,6	0,0	14,2	2,7	2,6	2,5	73,3
11,00	2	4,3	0,0	14,7	2,6	-	-	-
11,00	1	1,5	0,0	10,5	3,4	-	-	-
15,00	2	4,2	0,0	16,3	0,3	-	-	-
15,00	1	2,7	0,0	11,9	3,6	-	-	-

Bei zu gleicher Zeit genommenen Proben war also die Analyse aus Bohrloch 1 stets besser als die aus Bohrloch 2. Ein weiterer sehr wesentlicher Unterschied ergab sich daraus, daß das Gas aus Bohrloch 1 trocken war, während das Gas aus Bohrloch 2 an diesem Tage bis zu 256 g/Nm³ Wasser als Dampf mitführte. Das abgesaugte Gas enthielt 0,8 bis 0,95 g/Nm³ SO_2. H_2S trat nur zeitweise in sehr geringen Mengen auf.

Der ebenfalls zur gleichen Zeit gemessene Wasserabfluß aus der Anlage lag bei 125 l/min. Das durch den Damm abfliessende Wasser bekam langsam einen unangenehmen Geruch und mußte chemisch untersucht werden, denn das aus dem Stollen austretende Wasser floß in öffentliche Gewässer.

Tag der Probenahme	17.2.		20.2.	
Ort der Probenahme	Pumpensumpf	Stollenmundloch	Pumpensumpf	Stollenmundloch
Phenol mg/l	0,15	-	0,60	-
$KMnO_4$-Verbr. mg/l	16,00	8,00	33,00	9,00
NH_3	3,00	-	8,00	-

Mit der Zeit entstand der Eindruck, daß die in der Oxydationszone frei werdende Wärmemenge für eine geeignete Gasbildung nicht ausreichend war. Der sehr hohe Sauerstoffüberschuß im Endgas mit über 10 % am 14.2. bedeutete, daß die Verbrennung nicht vollständig war. Ferner vertraten einige der beteiligten Herren die Ansicht, nach welcher der große Luftdurchsatz die Brennzone zu stark abkühlen sollte. Deshalb wurde nach einer Beratung seit dem 15.2. versucht, mit einer solchen Vergasungsluftzufuhr zu arbeiten, welche nach Durchfluß durch die Oxydationszone den gesamten Sauerstoffvorrat, eingeschlossen den bei der Zersetzung der Kohle freiwerdenden, aufgebraucht hatte. Hierfür war eine ganz geringe Absaugung vorgesehen.

Bei nur 200 Nm^3/h Gasentnahme war jedoch der O_2-Gehalt im Endgas immer noch 2,3 %. Er stieg mit der Zeit sogar noch auf 5,7 % an. Bei dem geringen Unterdruck war es wieder möglich, Proben aus Bohrloch 1 zu nehmen.

Ein Vergleich in den Analysen zwischen Bohrloch 1 und 2 am 16.2. zeigte, daß wahrscheinlich doch eine Einwirkung des jetzt erwärmten Zwischenmittels auf die Kohle des Oberflözes erfolgt war, und daß zu dem Gasstrom im Unterflöz eine gewisse räumliche Trennung bestand. Das Gas aus Bohrloch 1 war nun wesentlich besser, wenn auch als Ganzes gesehen kein gutes Gas entstand.

Bohrloch	CO_2 [%]	CnHm [%]	O_2 [%]	CO [%]	H_2 [%]	CH_4 [%]	N_2 [%]	Hu [kcal/Nm^3]
2	11,6	0,0	5,7	0,7	2,8	1,0	78,2	178
1	2,6	0,0	7,2	1,0	5,1	1,2	82,9	262

Der geringe Luftdurchsatz wurde bis zum 17.2. aufrechterhalten. Am Morgen um 10,oo Uhr waren die brennbaren Bestandteile im Entnahmegas bis auf 0 % gesunken, während immer noch 4,3 % O_2 vorhanden waren. Auf diese Weise war also nicht weiterzukommen. Daher sollte die Vergasungsluftmenge wieder gesteigert werden. Kurz nach Steigerung der Luftzufuhr auf 720 Nm^3/h erreichte die Temperaturanzeige in der Anlage überall steil ansteigende Werte. Die Oxydationszone dehnte sich also wieder aus.

Thermoelement	1	2	3	4	5	6
Temperatur °C	80	80	860	940	> 1000	> 1000

Bald erreichten die brennbaren Bestandteile wieder 10 %, die jedoch nach kurzer Zeit bei ebenfalls fallendem CO_2-Gehalt ganz gleichmäßig absanken. Dabei war es egal, ob mit Überdruck oder mit Unterdruck gearbeitet wurde, ob die Zufuhr der Vergasungsluft 500 oder 4.000 Nm^3/h betrug. Auch stoßweises Arbeiten mit abwechselnd großen und geringen Mengen brachte keine positive Veränderung des Gases bis zum 6.3.

4.32 Befahrung der Luftstrecke

Langsam sanken jetzt auch die Temperaturen ab. Aus diesem Grunde wurde am 20.2., nachmittags, bei laufender Absaugung die Dammtür geöffnet und die Luftstrecke befahren. Das Gewölbe war in gutem Zustand. Brennende Kohle war nirgendwo zu sehen. Im Bereich des Brenners hatte sich das

Hangende wunschgemäß abgesenkt. Der Zwischenraum zwischen Mauer und ehemaligem Kohlenstoß war angefüllt mit gebackenem Ton und in der Nähe der Mauer teilweise mit verkokter Braunkohle.

A b b i l d u n g   42

Blick in ein ehemaliges Luftloch im Bereich des Brenners

Abbildung 42 zeigt den Blick in ein ehemaliges Luftloch. Stoßen mit spitzen Gegenständen führte zu dem Ergebnis, daß hinter der Mauerung das Haufwerk überall fest auflag. Die Mauer war abgekühlt und nicht wärmer als der Luftstrom. Aus der ehemaligen Verbindungsstrecke in die Luftstrecke eintretendes Wasser kochte jedoch. Ferner konnte festgestellt werden, daß das heruntergebrochene Haufwerk völlig trocken war. Der Wasserabfluß am Damm betrug nach wie vor 130 l/min. Hinter dem Brenner, weiter in die Luftstrecke hinein, waren die Luftlöcher noch offen und der unveränderte Kohlenstoß zu sehen. Die Vergasungsluft konnte also immer noch unbehindert dort eintreten.

Nach der Befahrung wurde die Dammtür wieder gasdicht geschlossen und nach Abschaltung des oberen Gebläses das untere wieder auf volle Leistung gestellt, um festzustellen, ob nicht doch durch eine längere Druckperiode mehr Kohle in Brand zu stecken war.

Langsam stiegen bei sinkendem Heizwert des Gases und gleichbleibender
Menge der C-Bestandteile im Gas die Temperaturen wieder an und erreichten am 21.2. ihren Höchstwert für den ganzen Versuch mit:

Thermoelement	1	2	3	4	5	6
Temperatur °C	65	65	> 1000	> 1000	> 1000	790

Die seit dem Versuchsbeginn aus den kohlenstoffhaltigen Bestandteilen
des Gases errechnete Kohlenmenge erreichte am 21.2. bis 21,oo Uhr 40.000
kg. Darin sind auch die 15 t Schwelkoks und 540 kg Kohlenstoff aus dem
verbrannten Propangas enthalten.

Bald nach der erneuten Inbetriebnahme des Druckgebläses und dem damit
verbundenen Überdruck in der Anlage trat wieder CO-Gas in den 3. nördlichen Querschlag ein, das seine Konzentration bis 0,5 % steigerte. Das
war schon eine absolut lebensgefährliche Vergiftung der Atemluft mit
starker Reaktion auf die Versuchsmäuse. Der Widerstandsdruck stieg bei
2.100 Nm^3/h eingeblasener Luft auf 560 mm WS. Ein Zeichen, daß jetzt die
Strömungswiderstände wieder größer und damit die Querschnitte enger geworden waren.

4.33 Zusatzfeuer

Inzwischen war der Gedanke aufgetaucht, hinter dem alten Brenner den
Kohlenstoß durch ein Zusatzfeuer noch einmal anzuzünden, weil von dort
aus eine besser sichtbare Kontrolle des Feuers bestand. Daher wurde am
22.2. um 11,oo Uhr das untere Gebläse abgestellt und bei saugendem oberen Gebläse die Dammtür wieder geöffnet. Um Nebenwege für die Vergasungsluft zu vermeiden und diese mit Sicherheit an den Brenner heranzuführen,
wurden die bereits durch Haufwerk hinterfüllten Luftlöcher um und über
dem alten Brenner mit Ton zugeschmiert (vgl. Abb.43).

Am 23.2. konnte dann der neue Brenner von 5 m Länge tiefer in die Luftstrecke hinein, hinter dem alten, eingebaut werden. Ohne die Mauer zu
zerstören war es nicht möglich, einen neuen Zünder einzubauen. Eine
Schwächung der Mauerung durch Öffnung an einer Stelle brachte jedoch bei
den unübersichtlichen Druckverhältnissen die Gefahr eines Zusammenbruches
großer Teile des Gewölbes mit sich. Daher sollte eine vereinfachte Form
der Zündung des Propangases von der Luftstrecke her erprobt werden, die
sich bald als weniger aufwendig, aber ebenso erfolgreich wie die mittels
eines elektrischen Zünders erwies.

Abbildung 43
Nach Öffnung der Dammtür werden die alten Luftlöcher im Bereich des Brenners mit Ton verschmiert

Nachdem der Brenner durch die Luftlöcher hindurch gesteckt war, wurde am Nachmittag desselben Tages um 16,45 Uhr eine größere Menge Holzwolle lose durch die Luftlöcher hindurch an den Kohlenstoß gebracht und an verschiedenen Stellen mit Zündlichtern angezündet, wie Abbildung 44 zeigt. Das saugende Gebläse zog die Brandgase von der Luftstrecke in die Gasstrecke fort. Durch Zuruf mehrerer im Abstand von 40 m aufgestellter Bergleute drehte einer die vorher installierte Propangasbatterie in 150 m Entfernung auf, so daß Propangas aus den Brennerrohren in die brennende Holzwolle ausströmte. Auf Abbildung 45 ist zu erkennen, wie der Brenner in Betrieb kam. Die auf der Abbildung erkennbaren Schwaden waren trotz der Absaugung in die Luftstrecke eingedrungen.

Diese Zusatzfeuerung hatte während der folgenden Tage auf den Vergasungsablauf überhaupt keinen Einfluß. 15 Minuten nach Aufdrehen des Propangases waren wohl zwei kleine Gasverpuffungen vernehmbar, aber es stieg weder die Produktion von CO_2 noch war eine Temperatursteigerung des Endgases zu bemerken. Thermoelement 1 wurde zerstört. Alle anderen Meßstellen zeigten weiterhin laufend eine Temperaturabnahme, die sich ganz linear mit etwa 100 $^{\circ}$C je 24 Stunden dem Nullpunkt näherte. Es machte den Eindruck, als ob das Feuer ausging. Bei stärkerer Luftzufuhr nahm

A b b i l d u n g   44

Anstecken des Zusatzfeuers.
Im Vordergrund Thermoelement 1

A b b i l d u n g   45

Blick in die Luftstrecke
nach Zündung des Brenners

der Prozentsatz von CO_2 im Gas wie üblich ab, wenn auch mengenmäßig mehr CO_2 produziert wurde. So war z.B. am 27.2. der CO_2-Anteil bei 1.130 Nm^3/h 6 %. Als die Gasentnahme durch Einschalten beider Gebläse auf 3.000 Nm^3/h gesteigert worden war, sank der CO_2-Anteil nur auf 4 %.

4.34 Fortgang der Vergasung

Als sehr interessante Tatsache stellte sich mit der Zeit heraus, daß es nach Änderung der Vergasungsluftmenge jedesmal etwa 1/2 Stunde dauerte, bis sich ein neues Gleichgewicht von Druck, Menge und chemischer Zusammensetzung des Gases in der Anlage eingestellt hatte. Wie anschließend auf dem Monostreifen zu erkennen war, blieben die Gaswerte dann alle wieder konstant.

Alle Anstrengungen zielten weiter darauf hin, das Feuer zu einer größeren Ausdehnung zu bringen. Bei starker Luftzufuhr verbrannten täglich etwa 5 t Kohle, wobei die brennbaren Bestandteile im Gas ohne CH_4 waren und unter 1 % absanken. Ein zwei Tage langes unverändertes Einblasen von Vergasungsluft mit voller Leistung beider Gebläse brachte weder eine Änderung in der Gaszusammensetzung, noch in der Gasmenge, noch im Druck. Die Temperaturen sanken weiter ab:

Thermoelement	3	4	5	6
Temperatur °C	200	600	> 1000	40

Aus der Temperaturanzeige mußte geschlossen werden, daß sich die Verbrennungszone unmittelbar vor dem Überbruch zum Oberlager befand, wo auch das Wasser herunterlief. Untersuchungen an Bohrloch 1 ergaben dort immer wieder ein trockenes Gas, das bei Überdruck in der Anlage in einem starken Strom aus Bohrloch 1 austrat, während gleichzeitig bei Bohrloch 2 unter diesen Umständen 230 g/Nm^3 Wasser als Dampf mit dem Gas entnommen wurden.

Ein Versuch am 1.3. durch wechselweises Einblasen der Vergasungsluft in zweistündigen Intervallen von 2.000 und 4.000 Nm^3/h sowie Öffnung des Bohrloches 1 brachte nur eine geringfügige Verbesserung des Gases und Steigerung der Temperaturen bei Thermoelement 4. Das anscheinend, weil ein Teil des Gasstromes nun über Bohrloch 1 abgeleitet wurde.

4.35 Zusatz von Sauerstoff zur Vergasungsluft

Am 2.3. wurde der Versuch unternommen, zur Erhöhung des Gasheizwertes dem Prozeß reinen Sauerstoff zuzuführen. Dafür wurden 20 Sauerstoffflaschen auf dem alten Platz der Propangasbatterie an die Propangasleitung angeschlossen. Diese war vorher mehrmals mit Preßluft durchgeblasen worden. Während des Sauerstoffablassens waren beide Gebläse abgestellt und der Schieber am unteren Gebläse geschlossen. Der Schieber am oberen Gebläse war offen. Da das Reduzierventil vereiste, mußte der Versuch, weiteren Sauerstoff abzulassen, aufgegeben werden. Anschließend wurden beide Gebläse im Wechsel wie vorher gefahren. Am 3.3. wurde ein zweites Mal versucht, unter gleichen Umständen Sauerstoff in die Anlage abzulassen. Diesmal gelang es gut, jedoch hatte die ganze Aktion, ebenso wie das Zusatzfeuer, keinen wesentlichen Einfluß auf die Bildung brennbarer Gase. Alle Thermoelemente zeigten allerdings eine vorübergehende Temperaturerhöhung von etwa 100 °C an. Das Gas erreichte für eine Zeit 20 % CO_2, doch zeigte das Monogerät im Höchstfalle nur 1 % brennbare Bestandteile an.

4.36 Vergasung bei langfristiger Änderung der Vergasungsluft

Am 4.3. wurde das untere Gebläse auf 3.400 Nm^3/h eingestellt bei einem Druck von 610 mm WS. An dieser Einstellung wurde mehrere Tage nichts geändert. Am 5.3. um 12,00 Uhr begann sich eine langsame Verbesserung der

Gasanalyse auf dem Monoschreiber anzuzeigen. Die Orsat-Analyse vom 4.3. hatte ergeben:

CO_2 [%]	C_nH_m [%]	O_2 [%]	CO [%]	H_2 [%]	CH_4 [%]	H_2 [%]	H_u [kcal/Nm^3]
3,3	0,0	16,8	0,6	0,0	1,2	78,1	124

Am 6.3. hatte sich die Verbrennung und auch die Gasbildung unter gleichzeitiger langsamer Temperaturerhöhung schon gut gebessert:

CO_2 [%]	C_nH_m [%]	O_2 [%]	CO [%]	H_2 [%]	CH_4 [%]	H_2 [%]	H_u [kcal/Nm^3]
5,0	0,0	14,4	1,3	0,0	2,6	76,7	271

Der Überdruck in der Anlage wirkte sich natürlich wieder nachteilig auf die Wetter im 3. nördlichen Querschlag aus. Im Kohlenflöz selber fand mit Bestimmtheit eine Gasströmung über mehr als 50 m statt. Als am 7.3. in der Strecke der unangenehme Geruch zunahm, stand fest, daß sich auch schädliche Gase angesammelt haben konnten und so wurde eine Probe der Luft neben der Meßstelle am Damm genommen und im Labor untersucht. Die Analyse ergab:

CO_2 [%]	C_nH_m [%]	O_2 [%]	CO [%]
0,6	0,0	19,8	0,4

Für die Kontrollgänge zum Damm war also wieder große Vorsicht wegen Vergiftungsgefahr geboten.

Die Verbesserung der Vergasungsbedingungen führte zu der Absicht, mit allen Mitteln zu versuchen, die Oxydationszone, in Richtung des Gasstromes gesehen, hinter das Überhauen zu bringen, damit sich dort endlich eine Reaktionszone bilden konnte und die Oxydationszone nicht immer unmittelbar vor dem aus der Strecke im Oberlager anscheinend mit Wasser berieseltem Kohlenstoß verblieb. Durch die mittlerweile entstandenen Brüche war jetzt eine direkte Verbindung zur oberen Gasentnahmestrecke hergestellt, denn die Analysen aus den beiden Bohrlöchern 1 und 2 waren nunmehr gleich. Auch trat ab 11.3. aus Bohrloch 1 Wasserdampf aus.

Um das Feuer besser zum Überbruch zu ziehen, wurde nun auch der saugende Lüfter über Bohrloch 1 angestellt. Die CO_2-Bildung verbesserte sich laufend, wodurch auf eine Vergrößerung der Oxydationszone zu schließen war. Die Gasentnahmetemperatur blieb allerdings konstant bei 62 °C und es bildete sich nach wie vor kein brennbares Gas.

Am 12.3. wurde der Versuch gemacht, beide Gebläse abzustellen und den Schieber am Damm zu schließen. Es fand daraufhin nur eine ganz geringfügige Gasströmung statt. Unter leichtem Anstieg der Temperaturen an der Meßstelle 5 und 6 gab es eine vollständige Verbrennung. Als gegen 19,30 Uhr der Schieber am unteren Gebläse etwa 1/4 geöffnet worden war, verbesserte sich die Verbrennung unter laufendem Temperaturanstieg. Der O_2-Gehalt im Endgas sank auf 2,2 %. Das als Kamin wirkende Bohrloch 2 zog stündlich 200 Nm^3 Gas ab und bewirkte durch den geschlossenen Schieber am Damm einen Unterdruck von -12 mm WS.

4.4 Einstellung der Vergasungsversuche

Am 13.3. verstarb der Senior des Unternehmens, Herr Hans GRÜN, der noch zuletzt die Durchführung der Versuche finanziell ermöglicht hatte. Da auch alle sonstigen Mittel verbraucht und weitere kurzfristig nicht zu erwarten waren, wurde verfügt, nachdem schon wesentliche Ergebnisse vorlagen, die Versuche baldmöglichst einzustellen und alle Maßnahmen zu treffen, um weitere Kosten zu vermeiden.

Nachdem nun endlich der technische Tiefpunkt überwunden war und die Anlage konstantere Bedingungen zeigte, blieb nichts übrig, als den Versuch abzubrechen. Um Strom zu sparen, konnten die Gebläse auch nur noch ganz kurzzeitig angelassen werden.

Ab 15.3. blieben die Verhältnisse durchweg gleichbleibend. Der Kaminzug von Bohrloch 2 brachte laufend 200 Nm^3/h. Die Meßstellen 5 und 6 zeigten ohne Veränderung tagelang 110 °C und 3 und 4 $>$ 1.000 °C an.

Nachdem Anfang März die Befürchtung bestanden hatte, daß das Feuer erlosch und überhaupt keine brennbaren Bestandteile im Gas mehr vorhanden waren, zeigte die Analyse vom 19.3.:

CO_2 [%]	C_nH_m [%]	O_2 [%]	CO [%]	H_2 [%]	CH_4 [%]	N_2 [%]	H_u [kcal/Nm^3]
12,6	0,0	4,9	1,2	0,3	2,0	79	217

Am 20.3. wurde mit dem Abbau der Anlage begonnen. Als die Dammtür geöffnet wurde, war das Mauerwerk in der Luftstrecke so heiß, daß man die Strecke nicht betreten konnte. Die Vergasungsluft war also wieder gut vorgewärmt worden. Es mußte zunächst das saugende Gebläse angestellt und die Mauer gekühlt werden. Erst am 22.3. war die Luftstrecke befahrbar. Es zeigte sich, daß durch die Abschaltung der Gebläse der Brand dem Sauerstoff entgegengewandert war. Die Kohle war zu beiden Seiten der Luftstrecke weggebrannt, das Feuer jetzt unmittelbar am Damm. Aus Abbildung 46 ist die Beanspruchung des Ausbaues zu erkennen. Weiter hinten in Höhe

Abbildung 46

Druck auf das Gewölbe in der Luftstrecke

des Brenners war das Gewölbe schon durchgebrochen. Die Steine waren immer noch so heiß, daß man sie nicht anfassen konnte. Auch hier hatte die Kohle anlageabseitig gebrannt. Abbildung 47 zeigt den Bruch aus der Nähe. Das hereingebrochene Material bestand ausschließlich aus dem rotgebrannten Ton des Hangenden. Links an der Mauer ist noch die Tonverschmierung der alten Löcher zu erkennen, welche vor dem Anstecken des Zusatzfeuers eingebracht worden war.

A b b i l d u n g   47

Gewölbebruch neben dem ehemaligen Brenner

Am 24.3. wurden trotz Einstellung der Versuche die Vergasungsbedingungen immer besser. Die Entnahmetemperatur des Gases an Bohrloch 2 erreichte mit 73 °C den Höchstwert für die ganze Versuchszeit. Der CO_2-Gehalt des Gases stieg auf 16,5 % und der Anteil des Brennbaren langsam wieder auf 7 %. Es vergasten 6.700 kg Kohle während dieses Tages. Der Anteil von H_2O im Gas war auf 189 g/Nm^3 gesunken. Man hätte mit 1.500 Nm^3/h Absaugung weiterarbeiten müssen, denn nun kam die in der langen Zeit des Versuches an das Gebirge abgegebene Wärmemenge allmählich dem Versuchsablauf zugute.

Am 31.3. erreichte das Gas seit dem 12.2. den höchsten Heizwert mit 420 kcal/Nm^3 bei folgender Analyse:

CO_2 [%]	CnHm [%]	O_2 [%]	CO [%]	H_2 [%]	CH_4 [%]
13,1	0,0	4,4	1,6	5,4	2,7

4.5 Abbruch der Anlage

Am 23.3. wurde das untere Gebläse nach über Tage gebracht und die Propangasleitung abmontiert. In den anschließenden Tagen wurden Gleise und Luttenleitungen ausgebaut. Am Damm liefen die Pumpen noch, um die Anlage so lange wie möglich wasserfrei und in Betrieb halten zu können. Am 3.4. war mit dem Ausbau der Pumpen der Versuch beendet. Kurz vorher war die Luftstrecke noch einmal befahren worden. Infolge der weiterhin geringen Luftzufuhr war das Feuer im Bereich des Dammes immer noch dem Sauerstoffstrom entgegengelaufen. Die äußere Dammmauer war schon sehr heiß. Unmittelbar hinter dem Damm war das Gewölbe der Luftstrecke nun auch zusammengegangen. Um Unfälle zu vermeiden, war es jetzt höchste Zeit, die Anlage unter Wasser zu setzen.

Am 6.4. wurden die Meßinstrumente im Labor ausgebaut, das Material verpackt und verladen. Am 7.4. wurde der Strom endgültig abgeschaltet.

Nach dem Ausbau der Pumpen lief die gesamte Vergasungsanlage voll Wasser, so daß bis zum 8.4. das Feuer gelöscht war. Man hätte annehmen können, daß bei der Berührung des Wassers mit der glühenden Kohle größere Mengen Wasserstoff frei geworden wären. Das Gas wurde daraufhin laufend untersucht. Es konnte aber keine diesbezügliche Beobachtung gemacht werden.

Die Bohrlochverrohrung wurde 0,3 m unter der Flur abgebrannt und zugeschweißt.

Zur Erlangung eines restlosen Überblickes über den gesamten Versuchsablauf wäre es sicherlich richtig gewesen, baldmöglichst die Anlage zu öffnen und die Reaktionszonen zu untersuchen. Hierfür waren bedauerlicherweise keine Mittel vorhanden. In entsprechend begründeten Anträgen auf Beihilfe wurde dargelegt, daß eine lange Wartezeit bis zur Wiederaufnahme der Arbeiten kostspielige Reperaturarbeiten des jetzt langsam wieder zu Bruch gehenden stillliegenden Stollens verursachen würde. Besonders wurde darauf aufmerksam gemacht, daß eine lange Wartezeit es mit der Zeit immer schwieriger macht, die tatsächlich nur durch die Vergasung entstandenen Umstände in der wieder geöffneten Anlage zu erkennen. Schließlich wurde auch nachdrücklich erklärt, daß jetzt noch die Geräte und das Material zur Wiederaufwältigung vorhanden sind, die bei einem späteren Termin neu angeschafft werden müßten, wodurch die Kosten für eine Öffnung der Anlage sich im Vergleich zu den jetzt im Augenblick entstandenen Ausgaben unverhältnismäßig stark erhöhen würden. Ohne Zweifel ist das Maß der Erkenntnisse, die noch gewonnen werden können, sehr groß.

5.0 Auswertung der Versuche

5.1 Allgemeines

Der Breitscheider Versuch hat gezeigt, daß die verhältnismäßig feuchte Kohle, entgegen der Behauptung einiger Experten, in situ brennt und auch vergast. Das wird insbesondere dadurch begründet, daß sich nach einer anfänglichen Verkleinerung der Oxydationszone ab Anfang März das Feuer wieder mehr und mehr ausdehnte und der Heizwert des Gases wieder anstieg.

Die Gasbildung war weniger gut als erwartet. Es bedarf weiterer Versuche, das Verfahren und damit auch das Gas zu verbessern. Bei längerer Versuchsdauer und damit verbunden bei stärkerer Erwärmung des gesamten Vergasungsfeldes wäre sehr wahrscheinlich mit einem höheren Durchschnittsheizwert zu rechnen gewesen. Zu bemerken ist, daß infolge des heruntergeschossenen Hangenden in der Verbindungsstrecke die Vergasung nur an einem Kohlenstoß, nämlich dem westlichen, erfolgen konnte. Bei allerdings unerwünschtem Eintritt der Oxydationszone in die Gasstrecke hätten sich dann zwei Kohlenstöße, der nördliche und südliche, zur Vergasung angeboten. Das wäre für den Ablauf der Vergasungsreaktion ohne Zweifel günstiger gewesen. Man kann daraus den Schluß ziehen, daß Vergasung an zwei Kohlenseiten (2 Stöße, Firste und Sohle) in mächtigeren Kohlenflözen voraussichtlich den vierfachen Effekt erbringen wird.

Im Vergleich zu den ersten Versuchen in anderen Ländern, wie USA, Belgien, Frankreich und auch in der UdSSR, war der Umfang der gewonnenen Erkenntnisse gleichwertig. Trotz des gleichen Verfahrens führten die Umstände in Breitscheid z.T. aber zu ganz anders gearteten Ergebnissen, als von vorausgegangenen Versuchen im Ausland bekannt. Es stellte sich heraus, daß die Bemessung der Querschnitte und der Gebläse ausreichend war. Das während des Vergasungsversuches aus der Anlage austretende Wasser konnte ohne Schwierigkeiten und Unterbrechung abgepumpt werden.

Die vorhandenen Meßeinrichtungen entsprachen den Anforderungen und gestatteten eine gute Überwachung der Vorgänge. Eine noch größere Zahl schreibender und fernzubedienender Geräte hätte sich sicherlich nicht nachteilig ausgewirkt. Durch die schreibende Überwachung der Vorgänge war, im Gegensatz zu vielen in anderen Ländern gemachten anfänglichen Versuchen, eine wesentlich bessere Übersicht über Einzelvorgänge möglich. So ließen sich z.B. die Folgen aus der Veränderung der Vergasungsluftzufuhr nur mit einem schreibenden Gerät, wie mit dem Monogerät, bis in die Einzelheiten übersehen, während mit der Orsatanalyse allein alle Phasen gar nicht zu erfassen gewesen wären. Abbildung 40 hat dargelegt, wie unterschiedlich sich z.B. die Umstellung der Vergasungsluftmenge auch auf einzelne Meßpunkte des Sechsfarbenschreibers auswirkte.

Das Kohlenflöz in Breitscheid hat 60 Tage gebrannt. In dieser Zeit wurden 200 t Westerwälder Braunkohle vergast und 1,85 Mio Nm^3 Gas erzeugt. Der Durchschnittsheizwert betrug H_u = 166 kcal/Nm^3. Der Höchstwert mit H_u über 700 kcal/Nm^3 konnte wegen eines vorübergehenden Schadens am Orsatgerät infolge Nichtbestimmung des CH_4-Gehaltes nicht einwandfrei ermittelt werden. Das an dem Entnahmerohr ausströmende Gas brannte eine Zeitlang, nachdem es angezündet war. Täglich wurden also 3,3 t Kohle vergast und 30.000 Nm^3 Gas produziert. Die stündliche Gaserzeugung lag im Durchschnitt bei 1.300 Nm^3.

Bei allen UtV-Anlagen der Welt gab es zu Anfang das beste Gas, welches dann in seinem Heizwert in dem Maße langsam abfiel, wie die Hohlräume größer wurden. In Breitscheid zeigte sich zu Anfang eine ähnliche Entwicklung, denn das Gas wurde immer schlechter. Nach einigen Wochen verbesserte sich der Heizwert jedoch langsam wieder und erreichte dann bald wieder anfängliche Höchstwerte. Sehr wahrscheinlich ist dieser Umstand auf das gewünschte, gleichmäßige Absinken des Hangenden zurückzuführen. Dafür spricht vor allem, daß der Strömungswiderstand der Anlage stieg und die bei Abbildung 40 erwähnten Zacken auf dem Monostreifen nachliessen. Leider konnte die Entwicklung wegen Abbruch des Versuches nicht weiter verfolgt werden.

Die außerordentliche Glimmfähigkeit der Kohle kam dem Verfahren sehr zugute. Beim Auslaufen des Betriebes waren die Gebläse mehrfach über 24 Stunden abgeschaltet. Es wirkte nur der Kaminzug von Bohrloch 2, der einen Durchsatz von etwa 200 Nm^3/h durch die Anlage erzeugte. Nach Einschalten eines Gebläses stellten sich jedesmal schon nach 10 Minuten wieder die üblichen Bedingungen ein. Das hätte für eine Stromerzeugung große Vorteile, da man nachts die Anlage ruhen lassen könnte.

Im Gegensatz zu den ersten französischen Versuchen z.B. war die Beherrschung des Gasstromes während des ganzen Versuches möglich. Es traten keine Verstopfungen ein. Eine Wanderung der Vergasungsfront in Richtung mit dem Vergasungsstrom konnte zweimal nachgewiesen werden. Wenige Tage nach dem Anzünden des Flözes war in der Luftstrecke kein Feuerschein mehr zu sehen. Nach Anstecken des Zusatzfeuers dauerte es ebenfalls wieder etwa zwei Tage, bis das Feuer weitergewandert war. Als der Abbruch des Versuches angeordnet war und die Luftzufuhr gedrosselt wurde, lief das Feuer zurück und dem Sauerstoff entgegen, bis es schließlich den Hauptdamm erreichte. Trotz Umtausch der Oxydationszone mit der Reduktionszone wurde dabei das Gas besser.

Mit Hilfe von Zusatzfeuer oder Reduzierung des Blasluftstromes ist also eine Lenkung der Oxydationszone und ein Unterbinden der bekannten Wanderung möglich, ohne daß eine Strömungsumkehr erforderlich wird.

Ein geringfügiger Gasstrom im unverritzten Flöz selber führte zu Gasansammlungen in dem 3. nördlichen Querschlag. Gasströmungen im Kohlenflöz, vor allem in Braunkohlenflözen, wurden auch bei Grubenbränden sehr häufig beobachtet. Dieser Umstand muß bei UtV von Kohle als unvermeidbar immer berücksichtigt werden. Nennenswerte Gasverluste durch Klüfte im Nebengestein traten sonst nicht ein. Dies konnte sowohl durch Geruchsproben an der Tagesoberfläche über der Anlage festgestellt als auch durch Untersuchungen an dem nicht verrohrten Bohrloch 3 nachgewiesen werden. Eine Absenkung der Tagesoberfläche hat nicht stattgefunden. Dafür war auch der ausgegaste und bergmännisch freigelegte Raum zu klein.

5.2 Menge und Druck

Im Generator wurden bisher aus 1 kg Westerwaldkohle 3 m^3 Gas erzeugt. Bei dem UtV-Versuch entstanden jedoch 9 m^3 Gas von sehr geringem Heizwert. Man sollte daraus schließen, daß der Anlage zu viel Vergasungsluft zugeführt worden ist. Die Praxis aber zeigte, daß zur Erzeugung von H_2 oder CO eine Mindestluftmenge von 300 Nm^3/h nötig war. Bei geringerer Luftzufuhr trat nur Verbrennung von Kohle ein, d.h., es bildete sich nur CO_2 bei verhältnismäßig großem Anteil O_2 im Entnahmegas. Das steht im Gegensatz zu den bisherigen Erfahrungen bei der UtV. Es war einfach unmöglich, die Luftzufuhr so zu drosseln, daß kein reiner Sauerstoff mehr an Bohrloch 2 nachzuweisen war. Man sollte auf zu große Hohlräume schliessen. Das kann aber nicht der Grund gewesen sein, weil dieses Phänomen schon gleich zu Anfang des Versuches auftrat. Steigerte man die Luftmenge auf 1.500 Nm^3/h, so entstand für den augenblicklichen Betriebszustand meist das beste Gas. Vergrößerte man die Menge der Vergasungsluft noch mehr, so wurde das Gas dünner, wenn auch quantitativ mehr Brennbares im Gas war als bei einer Luftzufuhr von 1.500 Nm^3/h.

Wenn nun die durchschnittliche Gaserzeugung bei 1.300 Nm^3/h Gas lag, so hatte sich dieser Wert mit der Zeit durch die an den Schreibern abzulesenden optimalen Gaswerte und der daraus resultierenden Einstellung der Vergasungsluftmenge ergeben. Hätte man aber aufgrund besserer Erkenntnis, entgegen der Anzeige an den Geräten, dem Prozeß weniger Luft zugeführt, so hätte wohl 1 kg Kohle weniger Raumteile Gas ergeben. Das Gas wäre in seiner Güte dann aber nicht besser, sondern schlechter gewesen.

Die Anlage stets mit etw 1.500 Nm^3/h Vergasungsluft zu beschicken, erwies sich auch als unzweckmäßig, wie es sich bald herausstellte, denn auch so wurde das Gas nur nach der Umstellung besser mit anschließender langsamer Verschlechterung. Allerdings konnte nicht für größere Zeitläufe geprüft werden, ob nicht mit der Zeit das Gas sich dann doch wieder besserte.

Die eingeblasene Vergasungsluftmenge war der erzeugten Gasmenge etwa gleich und lag im Verhältnis 94 : 100.

Der Plan, die Vergasungsluft an der warmen Ziegelmauer und an dem noch heißen Gestein vorzuwärmen, kann als gelungen angesehen werden. Thermoelement 2, welches nur die Temperatur des Luftstromes anzeigte, wies Lufttemperaturen bis zu 80 °C nach.

Ein Blick auf die Anlage J genügt zu zeigen, daß hoher Druck stets in Verbindung mit größerem Durchsatz auftrat. Der Widerstandsdruck der Anlage selbst steigerte sich im Laufe der Versuchszeit um etwa 40 %. Das wird aus Anlage J ersichtlich, wenn am 14.2. eine Vergasungsluftmenge von 4.000 Nm^3/h 300 mm WS Druck zu überwinden und unter gleichen Bedingungen am 28.2. für die gleiche Luftmenge schon ein Druck von 560 mm WS nötig war, der sich bis zum 10.3. auf 640 mm WS erhöhte. Daraus kann unbedingt geschlossen werden, daß eine Absenkung der hangenden Schichten unter Volumenerweiterung des Gesteins stattgefunden haben muß.

Ganz im Gegenteil zu den Erwartungen bildete sich das beste Gas stets bei Unterdruck in der Anlage, verursacht durch das saugende Gebläse und zwar, wenn die Entnahme langsam gesteigert wurde. Aber auch sehr hoher Unterdruck wirkte sich nicht günstig aus. Das Optimum lag bei -40 mm WS. Man kann also sagen, daß sich unter den Breitscheider Verhältnissen das beste Gas bei etwa 1.500 Nm^3/h Luftzufuhr mit -40 mm WS bildete, vorausgesetzt, daß die Luftmenge und Drücke zeitweise geändert wurden, denn es machte den Anschein, als ob durch vorübergehend stärkeres Einblasen von Luft die Asche und der Staub aus der Reaktionszone fortgeblasen würden.

Der Druck in der Vergasungsanlage wirkte sich in keinem Falle merklich auf den Wasserzufluß aus dem Gebirge aus. Die jeden Tag gemessene, vom Damm hochgepumpte Wassermenge aus der Anlage war auch bei Über- und Unterdruck von mehr als 500 mm WS stets fast gleichbleibend 130 l/min. Nur, wenn Gas bei höherer Temperatur in großen Mengen durch Bohrloch 2 abgesaugt wurde, wirkte sich die Wasserdampfentnahme durch eine geringfügige Verringerung der Wasserförderung der Pumpe aus.

Bei der relativ kurzen Versuchsdauer sollte man sich vor Verallgemeinerungen hüten. Die augenscheinlichste Tatsache während des **ganzen** Versuches aber war, daß sich die Gleichgewichte von Luftmenge und Druck auf der einen Seite und Gasproduktion nach Menge und Güte auf der anderen Seite stets nach einer halben Stunde einspielten und dann über lange Zeit ohne Veränderung gleich blieben. Es war also eine Regulierung des Vergasungsvorganges möglich. Auf die Güte des Gases konnte jedoch nur sehr wenig Einfluß genommen werden, da bei Anstieg der brennbaren Bestandteile sich auch die Gasmenge erhöhte, was wieder zu einer Verdünnung des Gases führte.

Für April war geplant, einmal ohne Änderung an der Einstellung des Gebläses bei etwa 1.500 Nm^3/h angesaugter Luft und -40 mm WS Druck die Anlage mindestens zwei Wochen laufen zu lassen, um festzustellen, ob sich auf die Dauer gesehen positive Veränderungen einstellen, wenn auch zunächst eine Verschlechterung des Gases eingetreten war. Hierzu ist es leider nicht mehr gekommen.

5.3 Temperaturen

Die Temperaturmessung mit einem Sechsfarbenschreiber hat sich sehr gut bewährt. Auf diese Weise konnte man gute Vergleiche mit den chemischen Vorgängen ziehen. Das ist wieder aus der Abbildung 40 zu ersehen, wo Temperaturänderung und Änderung im chemischen Diagramm parallel gehen.

Der Nachteil der Temperaturmessung mit Thermoelementen liegt natürlich darin, daß sich die Meßstellen an einem festen Platz befinden, während die Vergasungsfront sich den Thermoelementen langsam näherte, diese dann schließlich zerstörte oder durch Weiterwandern wieder außerhalb ihres Meßbereiches geriet.

Die Richtigkeit der Temperaturmessung mit dem Sechsfarbenschreiber ist zuerst angezweifelt worden. Ungeklärt geblieben ist, warum das Thermoelement 6 in der Nähe des Entnahmerohres mehr als 1.000 °C anzeigte, während das Gas, welches bei der hohen Geschwindigkeit für die insgesamt 80 m von Thermoelement 6 bis zum Quecksilberthermometer an Bohrloch 2 höchstens 5 Sekunden benötigt haben kann, dort nur 60 °C Temperatur hatte. Eine derartige starke Abkühlung erscheint unmöglich in der kurzen Zeit. Eine Erklärung ist vielleicht darin zu finden, daß sich unmittelbar neben Meßstelle 6 ein parasitischer Brand befunden haben könnte.

Zur Kontrolle wurde deswegen am 12.3. ein Maximumthermometer in Bohrloch 2 bis zur Sohle eingelassen. Die Differenz zwischen der Anzeige des Thermometers und der des Thermoelementes betrug nur 10 °C. Bei dieser Gelegenheit war auch durch Bohrloch 2 ein Eimerchen auf die Streckensohle herabgelassen worden, um die Strecke auf Standwasser zu untersuchen. Eine Wasseransammlung hätte bei Verstopfung am Knick zur Verbindungsstrecke (vgl. Anlage C) entstehen können. Die Sohle war aber völlig trocken.

Auf dem Temperaturdiagramm (Anlage K in Verbindung mit Abb.41) ist zu sehen, wie sich die Anlage langsam erwärmt hat. Man kann deutlich erkennen, daß die Oxydationszone auch mit dem Vergasungsluftstrom gewandert ist, denn schon am 9.2. sinkt die Temperatur von Thermoelement 1 stetig ab. Durch das Fenster am Damm war auch von diesem Tage ab kein Feuerschein mehr zu erkennen. Kurz darauf, am 10.2., spricht das Thermoelement 3 stark an, weil es anscheinend in den Bereich der Oxydationszone gelangt. Der vorzeitige Anstieg von Thermoelement 5 wird damit begründet, daß die bei der Verbrennung des Kokses entstandenen heißen Gase auf dem kürzesten Weg über das heruntergeschossene Gestein zur Gasstrecke strömten, ohne Einfluß auf Thermoelement 3 und 4 genommen zu haben.

Am 13. und 14.2. ist an allen Meßstellen ein Absinken der Temperatur zu erkennen. Vorher hatte sich relativ gutes Gas gebildet. Vergleicht man die Verbrennungskurve der Kohle in Anlage L und die in Anlage M zu erkennende plötzliche starke Wasserstoffbildung nun mit der Temperaturkurve, so kann man zu dem Schluß kommen, daß irgendwo eine größere Menge Wasser mit glühender Kohle in Verbindung gekommen ist, was zu einer Abkühlung der Reaktionszone geführt haben müßte. Zur gleichen Zeit lag als Ausnahme der Wasserabfluß aus der Anlage 10 l/min höher als gewöhnlich. Wo das Wasser hergekommen sein kann, ist unerklärlich.

Die Temperatur des Entnahmegases nahm anfänglich ständig zu bis zu einer Höhe von 65 °C, wo sie dann fast gleichmäßig verblieb. Es wäre zu erwarten gewesen, daß die Temperatur des Entnahmegases in Bohrloch 2 höher gelegen hätte oder zumindest langsam weiter gestiegen wäre. Schwankungen von etwa 15 °C entstanden bei Änderungen des Durchsatzes, wobei größere Gasentnahme zu niedrigerer Gastemperatur führte. Ein langsamer Temperaturanstieg am Gasaustritt bis auf 73 °C begann erst kurz vor Abschluß des Versuches.

Die hohe Temperaturanzeige von Meßstelle 6 mit schließlich über 1.000 °C hatte den Verdacht aufkommen lassen, daß die Oxydationszone sehr schnell gewandert sei und den Einströmkanal zu Bohrloch 2 bereits erreicht habe. Aus diesem Grunde wurden schon am 14.2. die Luftzufuhr und die Drücke sehr stark gedrosselt (vgl. Anlage J). Vielleicht ist darauf auch das Abfallen der Temperaturen an den anderen Meßstellen zurückzuführen, wenn sich die Hypothese des Wassereinbruches nicht aufrecht erhalten läßt.

Die dann ungewollt mehr und mehr abfallenden Temperaturen führten bald zu dem Bestreben, ohne Rücksicht auf die Gasanalyse die Oxydationszone wieder weiter auszudehnen und die Anlage besser aufzuwärmen. Aus diesem Grunde wurde ab 26.2. auch das Zusatzfeuer angezündet und mehr Luft durchsetzt, was ab 9.3. wieder einen langsamen Anstieg der Temperaturen zur Folge hatte.

Wie hoch die Temperatur über 1.000 °C gelegen haben, ließ sich wegen der Beschränkung des Meßbereiches nicht feststellen.

5.4 Wasser

Es wurde wiederholt darauf hingewiesen, daß der Wasserabfluß aus der Vergasungsanlage konstant auf 130 l/min über die gesamte Versuchszeit verblieb. Lediglich am 12.2. lag der Wasserabfluß bei 140 l/min und an den Tagen um etwa 5 l/min niedriger, welche in Anlage L Spitzen der Gasfeuchtigkeit anzeigten.

Bei einer Feuchtigkeit der Kohle von 45 % und etwa 2,5 % Wasserstoff ergeben sich:

45,0 % Feuchtigkeit
22,5 % Verbrennungswasser
67,5 % Gesamtwasser
==================

Beim Verbrennen von 1 kg Kohle wurden also 0,675 l Wasser, ohne evtl. mitzuverdampfendes Kluftwasser, frei.

Aus Anlage L wird ersichtlich, wie hoch die mit dem Gas geförderte Wassermenge während des Versuches war. Die schwarze Linie stellt die täglich vergaste Kohlenmenge in kg dar. Die darunter gezeichnete gestrichelte Linie ist die Menge des bei Verbrennung freiwerdenden Wassers und die punktierte Linie gibt die tatsächliche, am Entnahmeloch gemessene Wassermenge im Gas an. Vergleicht man Anlage L mit Anlage M, so erkennt man, daß sich der höchste Heizwert des Gases stets dort einstellte, wo in Anlage L die gestrichelte Linie die schwarze Linie unterschreitet, also die geförderte Wassermenge kleiner als die vergaste Kohlenmenge war.

Es war auch schon darauf hingewiesen worden, daß mit dem Wasser keine Gase aus der Anlage heraus mitgeführt worden sind. Ferner zeigten sich im Wasser keine Rückstände der bei der Vergasung von 1 t Kohle freiwerdenden 34 kg Teer. Das Wasser im Pumpensumpf roch wohl unangenehm, aber hatte im Höchstfalle nur 0,15 mg/l Phenolgehalt.

Übertagewasser und Regenwasser haben auf den Vergasungsablauf keinen merklichen Einfluß gehabt.

5.5 Heizwert und Analysen

Der Heizwert des Gases war außergewöhnlich unbefriedigend. Träger des geringen Heizwertes war in erster Linie Methan, also ein Zeichen, daß neben einer Reduktion von Kohlendioxyd zu Kohlenmonoxyd auch Entgasung stattgefunden hat.

Wie schon erwähnt, wäre der Heizwert des Gases besser gewesen, wenn mehr als eine Seite des Strömungskanals aus Kohle bestanden hätte. Das widerlegt auch die These, daß bei dem niedrigen Arbeitsdruck wesentliche Gasströmung in den Schrumpfungsrissen der Kohle möglich ist. Für ein besseres Gas ist also mehr Kohlenoberfläche nötig, als offenbar vorhanden war. Bestärkt wird dieser Gedanke durch die Tatsache, daß es nie gelungen ist, den Sauerstoffgehalt im Endgas auf Null zu reduzieren.

Auffällig ist, daß nie schwere Kohlenwasserstoffe im Endgas auftraten. Wahrscheinlich war die Temperaturbildung dafür zu niedrig.

Das in der russischen Literatur so häufig erwähnte und besprochene Übergewicht der H_2-Reaktionen auf Kosten der CO-Reaktionen konnte bei dem Breitscheider Versuch nicht bemerkt werden. In der zweiten Hälfte des Versuches wurde H_2 sogar nur in sehr geringen Mengen nachgewiesen.

Wie aus Anlage M zu ersehen ist, hatte das Gas dann den höchsten Heizwert, wenn auch relativ viel CO_2 nachgewiesen wurde. Bei hohem O_2 Überschuß sank der Heizwert des Gases bei interessanter Weise gleichzeitigem Rückgang des CO_2-Gehaltes. Daraus sollte man schließen, daß eine zu große Menge Vergasungsluft die Oxydationszone abkühlt und damit das Feuer reduziert hat. Dagegen spricht aber die dabei gleichzeitig stets eintretende Temperaturerhöhung an den Meßstellen (vgl. Anlagen J und K). Die Anzahl der Vergleichsmöglichkeiten ist zu gering, um bei der kurzen Versuchszeit zu endgültigen Schlüssen betreffs dieser Frage gelangen zu können.

Wie die zum Schluß des Versuches wieder ansteigende Heizwertkurve beweist, ist es gut, Geduld zu bewahren und nicht sofort Gas erzeugen zu wollen, sondern dafür zu sorgen, daß sich die gesamte Anlage und das umgebende Nebengestein gut aufwärmen und sich nicht alles durch Überforderung wieder abkühlt.

Die Untersuchungen an Bohrloch 1 bestätigen die auch sonst gemachten Erfahrungen, daß ein in der Nähe der Reaktionszone befindliches Entnahmeloch besseres Gas als ein weiter entfernt liegendes erbringt. Der CO_2- und O_2-Gehalt des zur gleichen Zeit gemessenen Gases war in Bohrloch 1 stets geringer als in Bohrloch 2. Dafür war der CO-Gehalt merklich höher, ebenso auch der H_2- und CH_4-Gehalt. Nachteilig wirkte sich aus, daß bei Unterdruck in der Anlage keine Proben an Bohrloch 1 gezogen werden konnten, da sonst Falschluft in die Vergasungsanlage eingetreten wäre. Aus diesem Grunde konnten nicht so viele Proben genommen werden, als es erwünscht war.

Eine Rückwirkung der Wärme auf die Kohle im Oberflöz hat wohl, aber wahrscheinlich nur in sehr geringem Maße, stattgefunden. Bemerkenswerterweise trat nie Wasserdampf aus Bohrloch 1 aus, sieht man einmal vom Schluß ab, wo auch schon anfänglich mit einer Rißbildung nach oben gerechnet werden mußte.

Das zweimalige Einblasen von reinem Sauerstoff in die Anlage hat sich wohl auf die CO_2-Bildung, jedoch überhaupt nicht auf die Entstehung von brennbaren Gasen ausgewirkt.

5.6 Strömungsgeschwindigkeit

Wenn auch der Strömungswiderstand innerhalb eines Monats um 40 % anstieg, so war sicherlich keinesfalls der Zustand erreicht, daß die Vergasungsluft schon sehr tief in Risse des Flözes eindringen konnte. Bei einer durchschnittlichen Gaserzeugung von 1.300 Nm³/h ist die Strömungsgeschwindigkeit in der Luftstrecke:

$$\frac{1.300 \cdot 284}{273 \cdot 3.600 \cdot 1,1} = 0,343 \text{ m/sek}$$

in der Vergasungszone:

$$\frac{1.300 \cdot 1.500}{273 \cdot 3.600 \cdot 1,5} = 1,32 \text{ m/sek}$$

und in Bohrloch 2

$$\frac{1.300 \cdot 335}{273 \cdot 3.600 \cdot 0,0314} = 29,8 \text{ m/sek}$$

gewesen.

5.7 Äquivalente Kanalweite

Die äquivalente Kanalweite änderte sich im Laufe des Versuches von

$$\frac{0,38 \cdot 1,15}{\sqrt{400}} = 0,0218 \text{ m}^2 = 2,18 \text{ dm}^2$$

auf

$$\frac{0,38 \cdot 1,15}{\sqrt{640}} = 0,0172 \text{ m}^2 = 1,72 \text{ dm}^2$$

5.8 Kaminzug am Entnahmeloch

Das 70 m lange verohrte Bohrloch war in der Lage, einen ständigen Gaszug vom Damm bis zur Entnahmestelle zu gewährleisten. Bei den Versuchen, mit dem Kaminzug allein auszukommen, schlug die Strömungsrichtung nie um. Es trat also keine Luft durch das Bohrloch 2 in die Anlage ein. Bohrloch 2 förderte dabei stets 2 bis 300 Nm³/h Gas. Der Unterdruck war jedoch bei geöffnetem Flansch am Rohrstutzen so gering, daß er am U-Rohr beim Damm nicht abgelesen werden konnte.

5.9 Täglicher Vergasungsfortschritt

Bei einem durchschnittlichen Verbrauch von 3,3 t Kohle am Tage hat sich das Feuer täglich

$$\frac{3,3 \cdot 1,0}{1,0 \cdot 45} = 0,073 \text{ m}$$

auf der gesamten Länge der Verbindungsstrecke nach Westen bewegt.

Es wäre sehr interessant zu erfahren, wie breit die Vergasungszone wirklich gewesen ist. Daraus würden sich noch genauere Rückschlüsse auf den täglichen Vergasungsfortschritt ziehen lassen. Hierfür wäre aber eine nachträgliche Öffnung des Vergasungsfeldes erforderlich.

5.10 Gesamtgasberechnung

Eine Untersuchung des am 12.2. produzierten Gases mit folgender Analyse:

CO_2 [%]	C_nH_m [%]	O_2 [%]	CO [%]	H_2 [%]	CH_4 [%]	N_2 [%]	H_2S [%]
11,0	0,0	6,1	5,6	14,4	2,0	60,9	0,0

gestattet es, festzulegen, wie hoch der Anteil des aus den flüchtigen Stoffen der Kohle entstandenen Gases im Vergleich zum eigentlichen Generatorgas ist. 2,0 % CH_4 mußten geschätzt werden mit der Begründung, daß an diesem Tage die Einrichtung zur Messung von CH_4 am Orsat defekt war, kurze Zeit später aber mit 2,5 % ermittelt wurde. Weil das Gas am 12.2. brannte und der aus der Analyse zu errechnende Heizwert aber nicht für eine mögliche Verbrennung ausreichte, kann dieser CH_4-Anteil als Mindestanteil eingesetzt werden.

Der durch die Kohlenproben ermittelte Anteil C beträgt etwa 40,0 kg pro 100 kg (vgl. Anlage G) und der Anteil O_2 erfahrungsgemäß etwa 20 kg pro 100 kg Brennmaterial, entsprechend 10 kg O. In Molen ausgedrückt:

$$C = \frac{40}{12} = 3,33 \text{ Mol und } O = \frac{10}{32} = 0,31 \text{ Mol.}$$

Es verbinden sich 0,31 Mol des in der Kohle enthaltenen Sauerstoffs mit der gleichen Menge Kohlenstoff zu CO_2, was 10,04 % der Gesamtmenge des im Gase befindlichen Kohlenstoffs ausmacht.

Die Gesamtmenge an Kohlenstoff ist:

$$C_{Gesamt} = CO_2 + CO + CH_4$$

$$C_{Gesamt} = 11,0 + 5,6 + 2,0 = 18,6 \%$$

10,04 % von 18,6 % = 1,86 %

1,86 % CO_2 entstand also aus flüchtigen Stoffen, während
11,0 - 1,86 = 9,14 % CO_2 infolge der Vergasung entstand.

Die Wasserstoffmenge aus der Zersetzung der flüchtigen Stoffe ist:

$$H_2 \text{ z.fl.} = H_2 + \frac{42}{79} N_2 - 2 O_2 - CO - 2 (CO_2 - CO_2 \text{ z.fl.})$$

$$H_2 \text{ z.fl.} = 14,4 + \frac{42}{79} \cdot 60,9 - 2 \cdot 6,1 - 5,6 - 2 (11,0 - 1,86)$$

$$H_2 \text{ z.fl.} = 14,4 + 32,4 - 12,2 - 5,6 - 18,3$$

$$H_2 \text{ z.fl.} = 10,7 \%$$

Folglich ist die infolge der Zersetzung von Wasserdampf entstandene Wasserstoffmenge:

$$14,4 - 10,7 = 3,7 \%.$$

Es ergibt sich also folgende Gaszusammensetzung:

	CO_2 [%]	O_2 [%]	CO [%]	H_2 [%]	CH_4 [%]	N_2 [%]	Anteil [%]
aus flüchtigen Bestandteilen	1,86	-	-	10,7	2,0	-	14,56
aus Vergasungsreaktionen	9,14	6,1	5,6	3,7	-	60,9	85,44
	11,0	6,1	5,6	14,4	2,0	60,9	100,00

5.11 Wärmeverluste

Die Wärmeverluste an das Nebengestein können vorerst nur rechnerisch ermittelt werden. Hier muß man solange bei der für die Planung errechneten Zahl von 23,2 % bleiben, bis man genauere Daten für die einzelnen Faktoren der Rechnung erhalten kann, denn die Wärmeverluste der ganzen Anlage lassen sich nur ermitteln, wenn bekannt ist, wieviel Kohle wirklich vergast ist. Die im Bericht als vergast angegebene Kohlenmenge konnte ja nur aus den Kohlenstoffbestandteilen des Endgases ermittelt werden. Auch aus diesem Grunde wäre es sehr vorteilhaft gewesen, die Anlage nach dem Versuch noch einmal zu öffnen.

Aufgrund der vorhandenen Ergebnisse läßt sich jedoch auch großzügig aus der Wärmebilanz etwas über die Wärmeverluste aussagen. Es wird wieder die in der Planung verwendete Formel zugrunde gelegt:

$$B \cdot Hu_B + B \cdot J_B + M \cdot J_M = Hu_G + J_G + Q_S$$

$B \cdot Hu_B = B \cdot$ Heizwert des Brennstoffes $= B \cdot 3.124$ kcal/kg

(Durchschnitt aus Proben 6 bis 14 in Anlage C)

$$B \cdot J_B = B \cdot t \cdot c \quad [\text{kcal/kg}] \quad t = 1.370\ °C$$
$$c = 0,5\ \text{kcal/kg}$$
$$B \cdot J_B = B \cdot 1.370 \cdot 0,5 = B \cdot 685\ \text{kcal/kg}$$

$M \cdot J_M =$ anteilige fühlbare Wärme der Vergasungsluft bei einer Eintrittstemperatur von 11 °C

$$M \cdot J_M = M \cdot v \cdot t \cdot c_v \quad [\text{kcal/kg}]$$

$$v = \frac{848 \cdot T}{Mo \cdot P}$$

v = spezifisches Volumen der Luft
Mo = Molekulargewicht der Luft = 29 kg
T = absolute Temperatur bei 0° = 273° K
P = Druck bei 1 at = 10.000 kg/m^2
t = Lufttemperatur = 11 °C
c_v = spezifische Wärme der Luft bei 11 °C = 0,171 kcal/kg

$$M \cdot J_M = M \cdot \frac{848 \cdot T \cdot t \cdot c_v}{Mo \cdot P}$$

$$M \cdot J_M = M \cdot \frac{848 \cdot 273 \cdot 11 \cdot 0,171}{29 \cdot 10.000}$$

$$M \cdot J_M = M \cdot \frac{231.000 \cdot 18,7}{290.000} = M \cdot 15\ \text{kcal/kg}$$

Auf der linken Seite der Bilanzgleichung steht dann

$$B\,(3.124 + 685)\;\text{kcal/kg} + M \cdot 15\;\text{kcal/kg}$$

zur Verfügung.

$$B = 0{,}5358\,(V_{CO} + V_{CO_2} + V_{CH_4})\quad\left[\text{kg/Nm}^3\right]$$

$$B = 0{,}5358\,(0{,}2 + 0{,}8 + 0{,}15)$$

$$B = 0{,}5358 \cdot 0{,}115 = \underline{\underline{0{,}0618\;\text{kg/Nm}^3}}$$

$M = \dfrac{N_G}{N_M}\;\left[\text{Nm}^3/\text{Nm}^3\right]$ $\qquad N_G$ = Stickstoffmenge im Endgas = 76 %

$M = \dfrac{76}{78} = 0{,}97\;\text{Nm}^3/\text{Nm}^3$ $\qquad N_M$ = Stickstoffmenge in der Luft = 78 %

Die linke Seite der Bilanzgleichung ergibt dann:

$$B \cdot Hu_B + B \cdot J_B + M \cdot J_M = 0{,}0618\,(3.124 + 685) + 0{,}97 \cdot 15$$

$$= \underline{\underline{248\;\text{kcal/Nm}^3}}$$

Hu_G = Heizwert des Gases = 166 kcal/Nm³

J_G = fühlbare Wärme des am Bohrloch 2 austretenden Gases = 65 °C

$J_G = t \cdot c_v \cdot \dfrac{M_o \cdot P}{848 \cdot T}$ $\qquad M_o$ = Molekulargewicht des Gases = 30 kg

$\qquad T$ = Temperatur bei 0 °C = 273° K

$\qquad P$ = Druck bei 1 at = 10.000 kg/m²

$\qquad t$ = 65 °C

$\qquad c_v$ = spezifische Wärme des Gases = 0,181

$J_G = \dfrac{65 \cdot 0{,}181 \cdot 30 \cdot 10.000}{848 \cdot 273} = \dfrac{3.520.000}{231.000} = 15\;\text{kcal/Nm}^3$

Q_S = Wärmeverlust = 248 kcal/Nm³ − (166 + 15) kcal/Nm³ = $\underline{\underline{67\;\text{kcal/Nm}^3}}$

Der Wärmeverlust ergibt sich aus der Bilanz mit 27 %, also ähnlich wie vorausberechnet, da $\dfrac{67 \cdot 100}{248} = 27$

5.12 Vergasungswirkungsgrad

Wie bei der Planung gilt:

$$\eta = \frac{G \cdot H_g}{B \cdot H_b}$$

G = ausgebrachte Gasmenge = 1,85 Mio Nm³

H_g = Verbrennungswärme des Gases
  = 166 kcal/Nm³

B = aufgewendeter Brennstoff = 200.000 kg

H_b = Verbrennungswärme des Brennstoffes
  = 3.124 kcal/kg

$$\eta = \frac{1.850.000 \cdot 166}{200.000 \cdot 3.124} = 0,49$$

Der Vergasungswirkungsgrad hat demnach 49 % betragen
====

5.13 Vorschau

Die Versuche können nicht als beendet angesehen werden, denn es fehlt die Untersuchung der Vergasungsvorgänge unter Tage durch Augenschein.

Durch Besichtigung müßte, um zu klaren Schlüssen zu kommen, untersucht werden:

1. wie groß die Menge der vergasten Kohle war,
2. wie sich der Kohlenstoß gebildet hat (z.B. Schräglage, Ascheauflagerung, Brand nur an der Firste usw.),
3. ob sich Kohleninseln gebildet haben,
4. wieweit die Feuerzone in Richtung auf Bohrloch 2 vorgedrungen war,
5. ob der Damm im Oberlager noch dicht ist,
6. ob durch das Wasser aus dem Oberlager der Kohlenstoß im Unterlager berieselt und dadurch die Bildung einer guten Reaktionszone verhindert wurde,
7. ob in der Kohle Schrumpfrisse entstanden sind und wie tief,
8. wieweit sich die Wärme auf die Kohle im Oberlager ausgewirkt hat,
9. ob sich das Hangende gut absenkte,
10. wie tief die Wärmewirkung nach Sohle, Firste und Stößen im Gestein und in der Kohle bemerkbar ist,
11. ob die Hinterfüllung der Bohrlochverrohrung dicht geblieben ist,
12. ob Wasser durch einige größere Klüfte in die Vergasungsanlage eingedrungen ist.

Erst bei Kenntnis dieser noch ausstehenden Fragen kann der Versuch als völlig durchgeführt angesehen werden.

Wie schon erwähnt, sollten weitere Vergasungsversuche unter Ausnutzung der gewonnenen Erkenntnisse folgen. Diese sollten in trockeneren und mächtigeren Kohlenflözen zur Durchführung kommen. Sehr wesentlich ist, daß bei weiteren Versuchen der Versuchsleitung größere finanzielle Mittel zur Verfügung stehen. Ferner sollte ein Team von Fachleuten aller in Frage kommenden Disziplinen gebildet werden, um ein Optimum an Erkenntnissen aus den so interessanten Vorgängen herauszuholen.

6.0 Zusammenfassung

In Breitscheid (Dillkreis) wurde von der zu 100 % im Besitze der Burger Eisenwerke A.-G., Burg (Dillkreis) befindlichen Gewerkschaft Wohlfahrt, auf Anregung von Herrn Hans GRÜN, ein Versuch zur unterirdischen Vergasung von Kohle durchgeführt. Damit verbunden waren gleichzeitig Versuche zur Wiederaufnahme des Braunkohlenbergbaues auf dem Westerwald im Auftrage des Herrn Hessischen Minister für Arbeit, Wirtschaft und Verkehr. Die eigentlichen Vergasungsversuche wurden von Herrn GRÜN privat, von dem Minister für Wirtschaft und Verkehr des Landes Nordrhein-Westfalen und einigen Industrieunternehmen finanziert.

Zunächst wurde auf die erforderlichen Überlegungen eingegangen, die für den geplanten Vergasungsversuch nötig waren und dann ein Überblick mit Planung und Berechnung zum Bau der Vergasungsanlage gegeben. Die Vorausberechnungen stimmten größenordnungsmäßig mit den in der Praxis später erhaltenen Werten recht gut überein.

Alsdann folgte ein mit Abbildungen versehener Bericht über die z.T. sehr schwierigen Arbeiten beim Bau der UtV-Anlage, wobei mit Rücksicht auf später evtl. noch folgende Vergasungsversuche die Tiefbohr-, Verrohrungs- und Abdichtungsarbeiten genauer beschrieben werden mußten.

Die UtV-Versuche begannen mit Kaltversuchen zur Prüfung der Dichtigkeit der Anlage, der zu erwartenden Vergasungsluftmengen und der sich einstellenden Strömungsgeschwindigkeiten und Drücke in der Anlage. Am 6.2.1959 wurde das Flöz mit Hilfe von Propangas elektrisch gezündet und gleichzeitig 15 t Braunkohlenkoks in Brand gesetzt. Das Zünden der Kohle ging einwandfrei und ohne Umstände.

Bereits nach 6 Tagen wurde Gas einproduziert, das mit einer hellen Flamme an Bohrloch 2 brannte. Das Gas wurde anscheinend durch einen kleinen Wassereinbruch gleich danach schlechter und nach einer Periode von 3 Wochen, während der es aussah, als ob die Wärmebildung für eine Vergasung nicht ausreichen würde, stiegen die Temperaturen in der Anlage und damit auch die Heizwerte des Gases wieder.

In diese Zeit fiel der bedauerliche Tod von dem Initiator der Vergasungsversuche, Herrn Hans GRÜN. Damit war dem Versuch der finanzielle Rückhalt genommen. Verständlicherweise sah sich die Vermögensverwaltung von Herrn GRÜN veranlaßt, weitere Ausgaben einzustellen, und da kurzfristig aus öffentlichen Mitteln keine Beihilfen zu erwarten waren, mußte der Versuch, sobald es vertretbar war, abgebrochen werden.

Trotz allem hat die Zeit ausgereicht, um wesentliche Versuchsergebnisse zu erhalten, die sehr genau beschrieben und ausgewertet wurden. Es zeigte sich, daß die Westerwaldkohle in situ zu vergasen war, und daß sich brennbares Gas bildete. Der durchschnittliche Heizwert über die ganze Zeit hat wegen der 3 Wochen andauernden schlechten Periode nur 166 $kcal/Nm^3$ erreicht. Der untere Heizwert des besten Gases stieg über 700 $kcal/Nm^3$. Insgesamt wurden 200 t Kohle vergast und 1,85 Mio Nm^3 Gas aus Bohrloch 2 in 60 Tagen entnommen.

Als sehr vorteilhaft zeigte sich die Überwachung des Versuches mit schreibenden Geräten. Hierdurch konnten viele Einzelheiten laufend verfolgt werden.

Unbedingt erforderlich erschien es dem Verfasser, nach Abkühlung die Vergasungsanlage noch einmal zu öffnen, um den Einfluß der Vergasung auf Flöz und Nebengestein zu untersuchen.

Bei diesem ersten Versuch ist nicht alles, aber viel von dem erreicht worden, was geplant war. Er hat gezeigt, wie weiter zu arbeiten ist und wie geartet nachfolgende UtV-Versuche sein müssen. Dazu gehört vor allem die Erkenntnis, daß UtV in dünnen Braunkohlenflözen mit nur einem reagierenden Stoß nicht zu einem wirtschaftlichen und technischen Erfolg führen kann. Zukünftige Versuche müssen in mächtigeren Flözen mit höchsten 40 % Feuchtigkeit zur Ausführung kommen, wo gewährleistet ist, daß die Strömungskanäle rundum mit Kohle umgeben sind.

Dipl.-Berging. Joachim B. Rolfes

7.0 Anlagen

A	Nutzungsübersichtskarten
B	Tagessituation
C	Teillageplan "Glückauf Phönix"
D	Profil vom Schacht zum Stollenmundloch
E	Bohrprofile der Bohrungen Wohlfahrt 1 bis 3
F	Vergasungsanlage mit Stellen der Probenahme
G	Kohlenanalysen
H	Meßergebnisse der Kaltversuche
J	Kurve der Luftmengen und Drücke
K	Temperaturdiagramm
L	Verhältnis vom geförderten Wasserdampf zu der bei der Vergasung aus der Kohle freiwerdenden Feuchtigkeit
M	Heizwert und Analysen

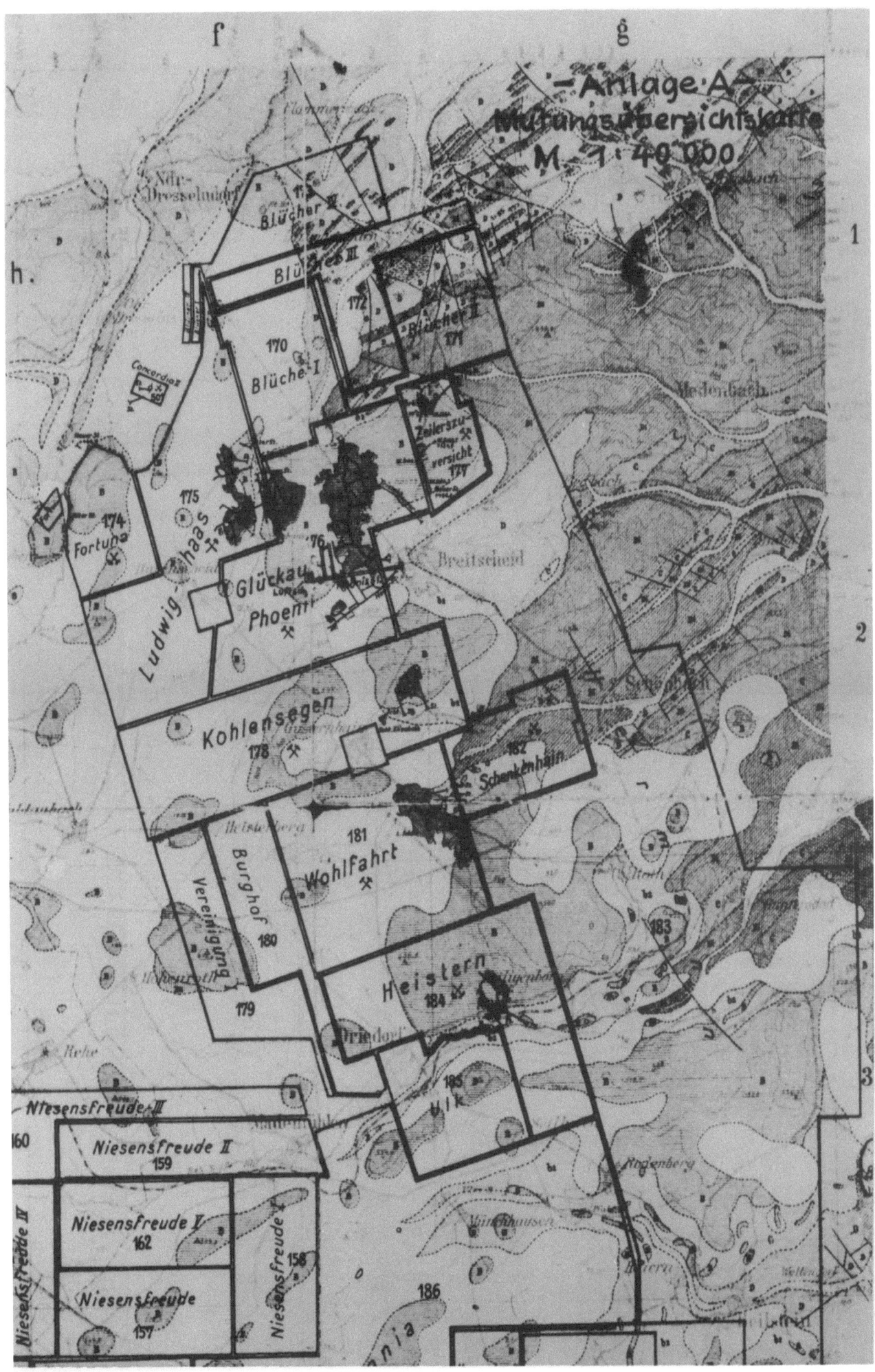

Anlage A

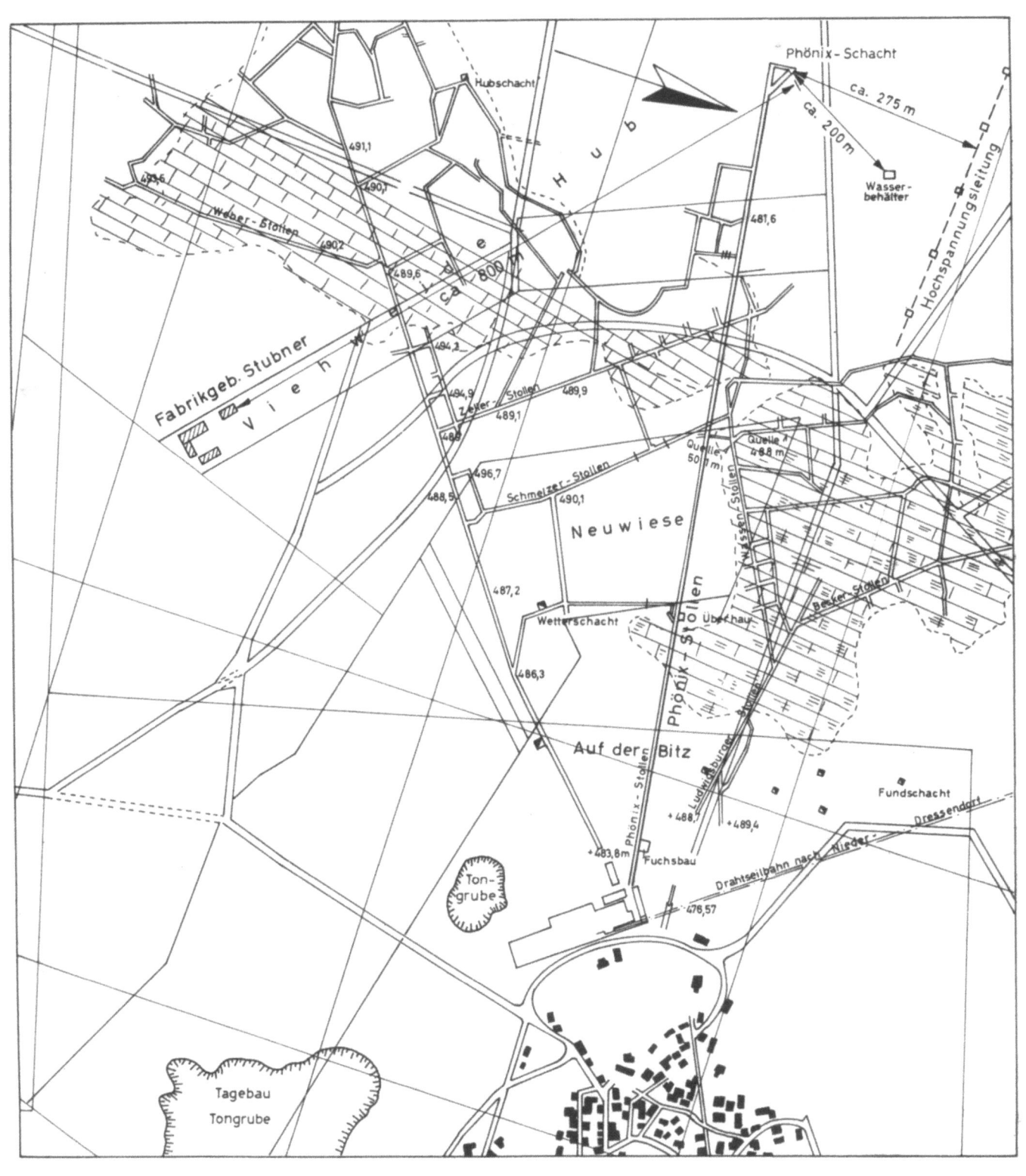

Anlage B

Tagessituation

Maßstab 1:5000

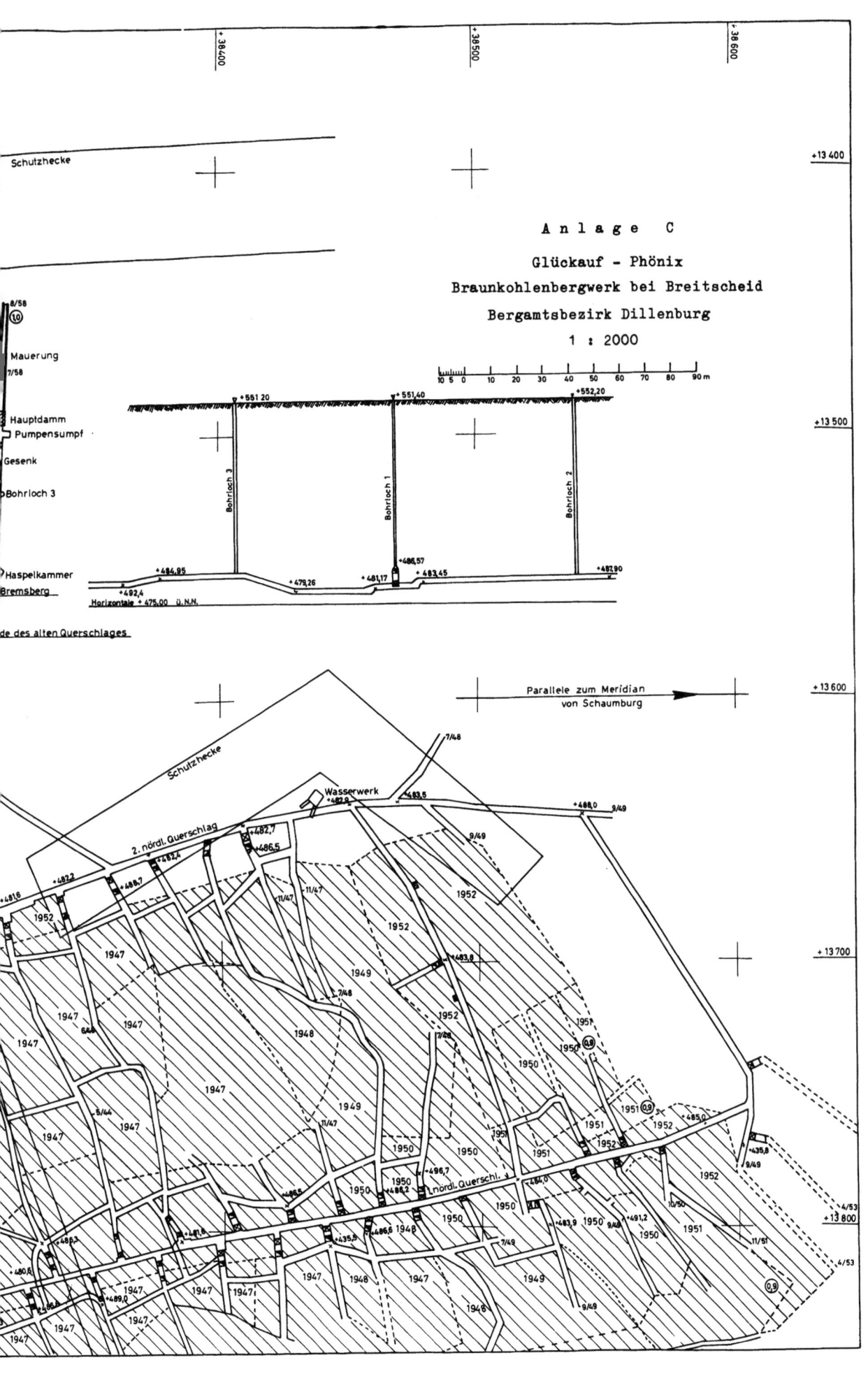

Anlage E

Bohrprofile der Bohrungen "Wohlfahrt 1 - 3"

Bohrloch 1   Ansatzpunkt 551,73 m über N.N.

lfd. m

0,0 - 1,5	Mutterboden
1,5 - 10,0	Basalttuff (trocken)
10,0 - 13,3	Basalttuff, Basaltknollen, Letten (trocken)
13,3 - 24,1	Basalttuff (trocken)
24,1 - 34,0	fester Basalt (trocken)
34,0 - 37,0	Basalttuff
37,0 - 57,0	fester Basalt
	ab 43,1 m naß, bis 47,3 m Druckluftspülung,
	ab 47,3 m Wasserspülung
57,0 - 63,9	Letten - bei 61,3 totaler Spülwasserverlust -
63,9 - 64,8	Kohle

Bohrloch 2   Ansatzpunkt 551,15 m über N.N.

lfd. m

0,0 - 1,0	Mutterboden
1,0 - 13,8	Basalttuff
13,8 - 36,2	Basalt
36,2 - 37,35	Basalttuff
37,35 - 53,4	Basalt
53,4 - 55,1	Basalttuff
55,1 - 58,0	Basalt
58,0 - 62,0	Ton, Letten
62,0 - 62,8	Kohle
62,8 - 65,5	Ton, Letten
65,5 - 67,1	Kohle
67,1 - 70,0	fester geschieferter Ton

Bohrloch 3   Ansatzpunkt 551,20 m über N.N.

lfd. m

0,0 - 1,0	Mutterboden
1,0 - 10,6	Basalttuff
10,6 - 13,5	Basalt
13,5 - 18,2	Tuff
18,2 - 38,5	Basalt
38,5 - 42,9	Tuff
42,9 - 56,0	Basalt
56,0 - 62,5	Ton, Letten
62,5 - 63,7	Kohle
63,7 - 66,0	Ton, Letten
66,0 - 67,4	Kohle

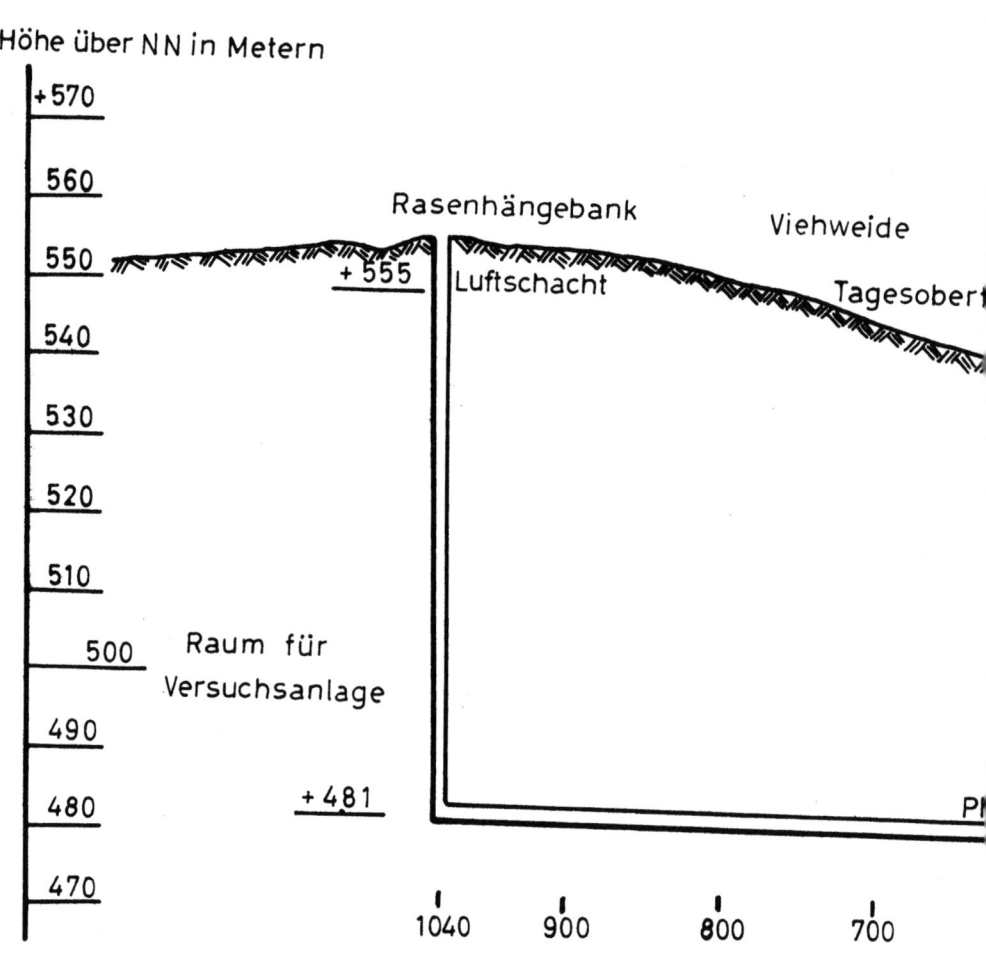

Profil vom Scha

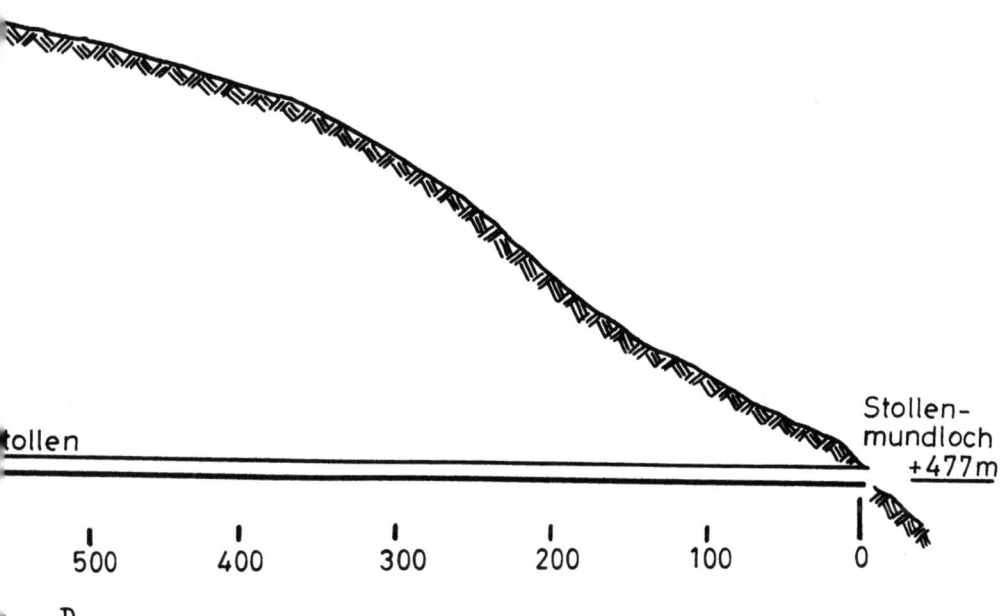

Anlage G

Probe Ort	Analysen von	H_2O [%]	Asche [%]	Brennbares [%]	Flüchtige [%]	Koks [%]	C [%]	Ho kcal/kg	Hu kcal/kg
alt	Dr.C.Otto	38,40	19,70	41,90	-	-	-	4.227	3.181
alt	TÜV Ffm.	18,61	9,71	71,68	58,44	39,80	28,13	4.469	3.464
alt	Dr.Casselmann	-	10,76	58,77	30,47	-	-	-	-
Abbau 1	F E W	41,50	12,35	46,15	38,07	-	31,40	-	2.580
Abbau 5	F E W	33,90	4,19	61,91	47,32	52,68	42,20	-	3.595
Abbau 3	Gasinst. Karlsr.	46,10	2,00	51,90	31,20	-	36,60	3.765	3.360
Abbau 3 Faulkohle	Gasinst. Karlsr.	46,10	9,70	44,20	27,20	-	30,80	3.220	2,805
1	B K B	15,20	14,60	70,20	-	55,20	48,62	4.646	4.365
Faulkohle	B K B	10,80	24,40	64,80	-	50,60	46,22	4.843	4.520
2	B K B	14,40	9,00	76,60	-	54,40	53,50	5.074	4.776
3	B K B	16,20	8,10	75,70	-	52,70	52,68	4.930	4.637
4	B K B	37,80	7,20	55,00	-	40,10	-	3.614	3.246
Schuppen 5	B K B	33,60	9,30	57,10	-	43,20	-	3.736	3.389
(Oberfl.)	B K B	48,50	8,70	42,80	-	33,30	30,02	2.904	2.491
6	B K B	44,80	7,80	47,40	-	33,50	-	3.048	2.646
7	B K B	45,20	12,20	42.60	-	34,60	-	2.794	2.403
8	B K B	46,00	6,70	47,30	-	33,40	-	3.027	2.621
9	B K B	47,20	7,70	45,10	-	33,00	-	2.970	2.568
10	B K B.	50,40	12,10	37,50	-	35,30	-	2.670	2.282
11	B K B	48,80	7,30	43,90	-	33,90	-	2.988	2.585
12	B K B	48,80	11,40	39,80	-	35,10	-	2.681	2.289
13	B K B	47,20	14,90	37,90	-	35,30	-	2.623	2.239
14	B K B	47,00	5,90	47,10	-	33,70	-	3.093	2.689
Durchschnitt		37,56	10,20	52,05	38,78	40,16	40,01	3.566	3.124

Die Entnahmestellen der von der BKB gezogenen Proben 1 bis 14 sind in Anlage H verzeichnet.

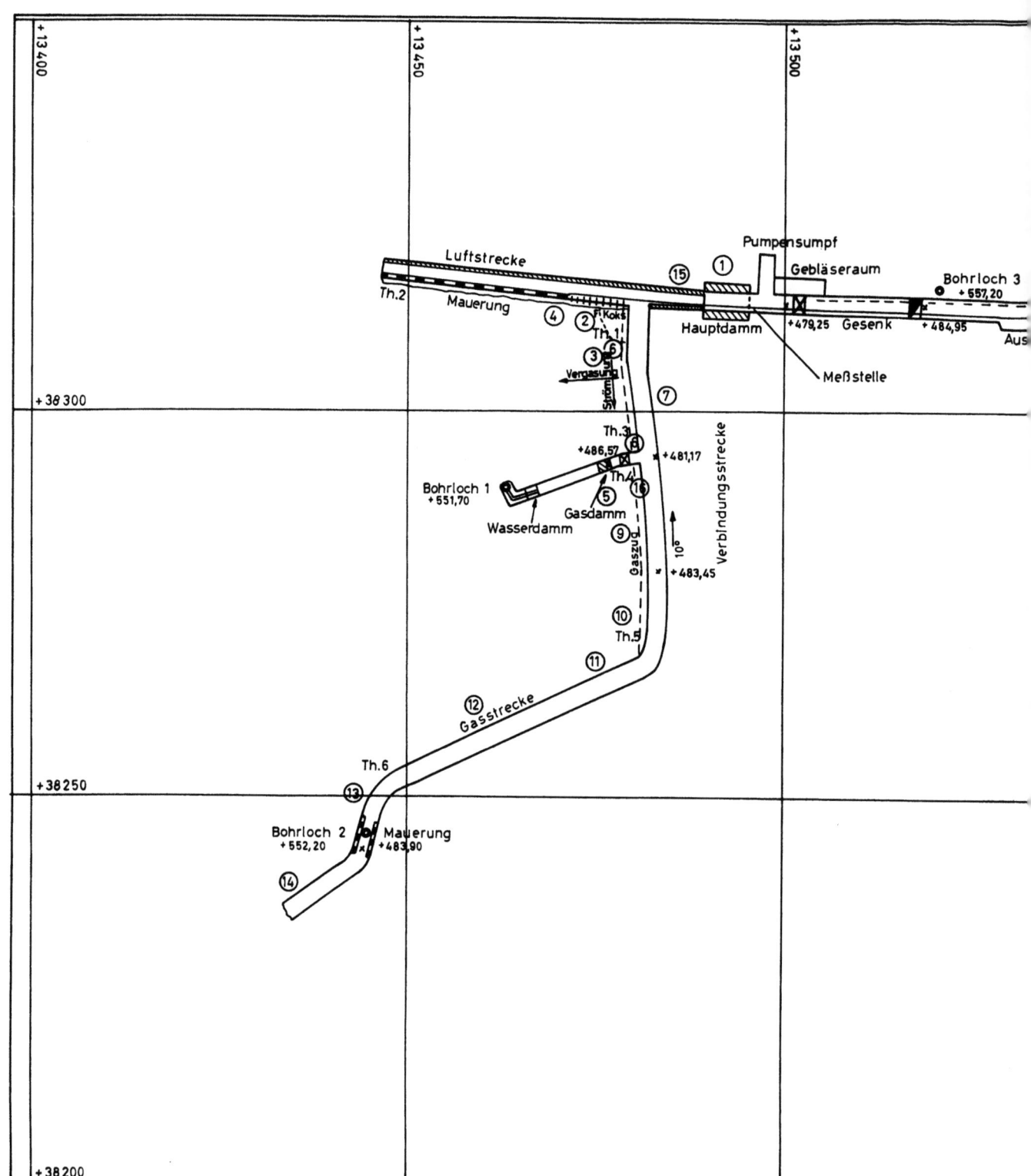

A n

Braunkohlenber

Lageplan de

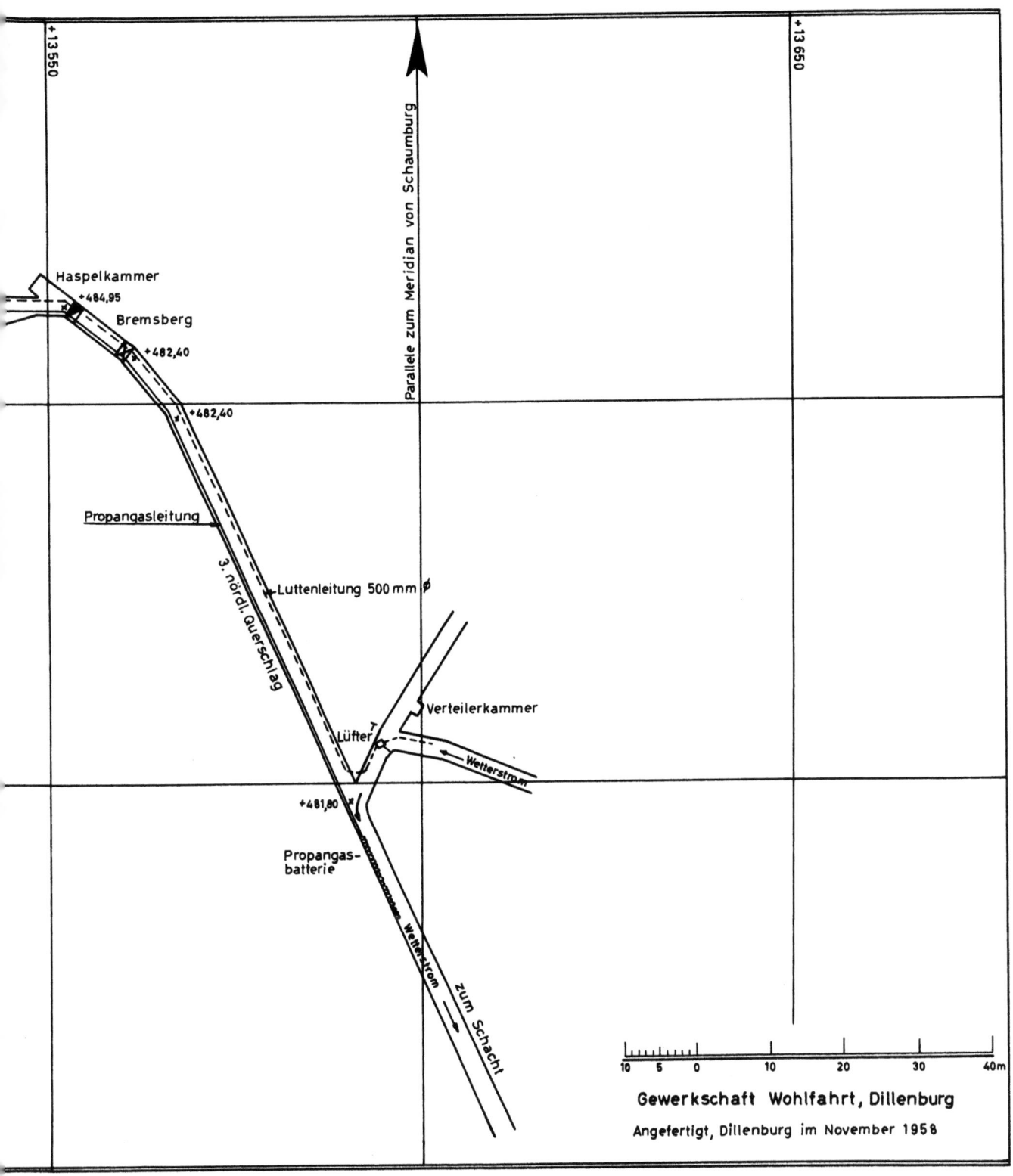

F

Glückauf-Phönix

asungsanlage

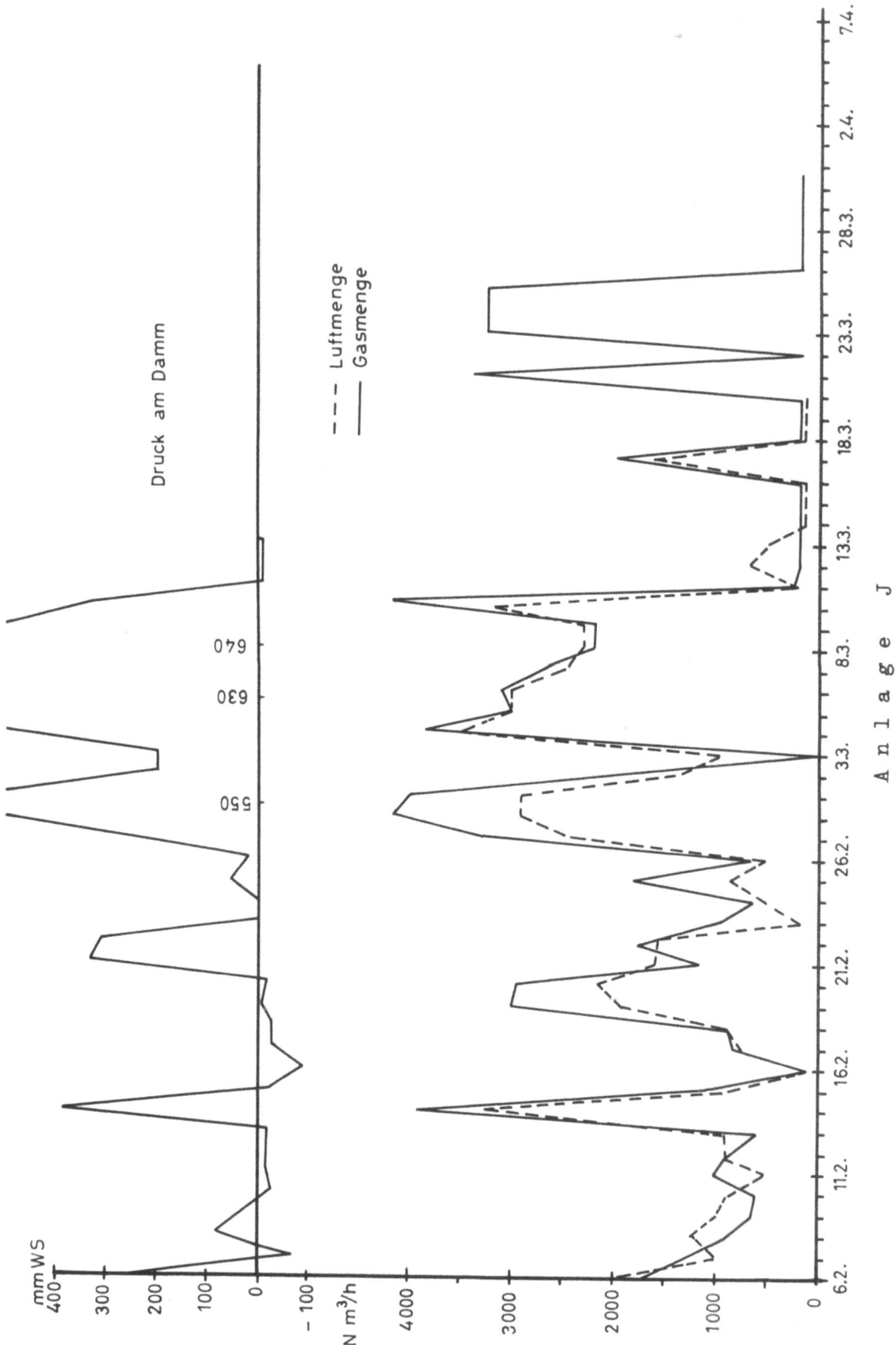

Kaltv...

Betriebsbedingungen	\multicolumn{4}{oben}			\multicolumn{3}{unten}		
	Temp.	Druck am Gebläse [mm]	Menge am Bohrl. 2 [m³]	Temp.	Druck hinter dem Damm [mm]	Menge [mm]
1. Beide Gebläse stehen oben Schieber auf unten Mannloch auf	8°			10°		
2. Beide Gebläse stehen oben Schieber auf unten Schieber auf Schachtventilator abgestellt	8°	80		10°		
3. Gebläse unten läuft oben Schieber auf	8°	210	2.580	11,5°	455	40
4. Gebläse unten läuft oben Schieber zu	8°			11,5°	1.000	10
5. Gebläse unten läuft Gebläse oben läuft	8°	200	500 / 4.000	11°	40	60
6. Gebläse unten läuft Gebläse oben läuft Schachtvent. abgest.	8°	200	500 / 4.000	12°	40	60
7. Gebläse unten steht unten Schieber auf Gebläse oben läuft	8°	140	340 / 3.280	11°	-500	26
8. Gebläse unten steht Unt. Blindflansch auf Gebläse oben läuft	8°	210	500 / 4.060	10°		

Wasserausfluß aus dem Vergasungsfeld: 130 l/min

Gasmengen in $m^3/h \cdot V = c\sqrt{h}$

Für Gebläse unten $\quad c = 526 \; (\gamma=$
Für Gebläse oben $\quad c = 227 \; (\gamma=$
Bei 1,29 $\quad c = 176 \; (Lu$
$h = $ Differe
in mm W

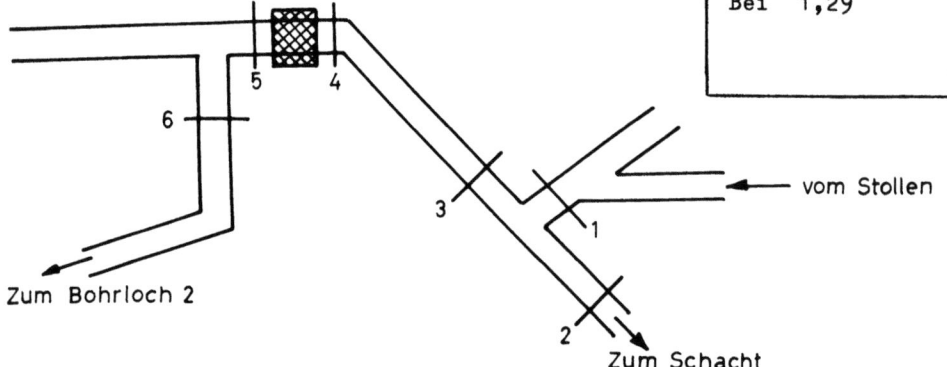

Anlage H

Wettermengen und Richtungen						Bemerkungen
1.	2.	3.	4.	5.	6.	
1,50 →	1,75 →	0,17 →		0,11 →	0,17 →	1. Zeile =Geschwindigkeit m/sek
21.000	18.700	2.040		445	840	2. Zeile =m³/h
0,35 →	0,47 →	0,08 →	0,12 →	0,22 ←	0,13 ←	
3.360	2.040	1.020	1.940	890	670	
2,30 →	1,91 →	0,11 ←	0,25 →	1,55 →	0,75 →	
22.100	20.700	1.380	2.430	6.120	3.790	
→	→	0,11 →	0,22 →	0,33 ←	0,22 ←	Druck Bohrloch I +1.000 mm
21.600	18.300	1.380	2.160	1.320	1.120	Gebläsemotor wird heiß
2,25 →	1,70 →	0,33 ←	0,18 ←	2,12 ←	1,06 ←	Wetter ziehen zum Schacht, bei später
21.600	18.400	4.070	1.800	8.380	5.400	Kontrolle
0,97 →	0,74 →	0,33 ←	0,20 ←	2,29 ←	1,20 ←	Wetter ziehen in Feldstrecke zum
9.230	7.910	4.080	1.940	9.040	6.000	Schacht
2,05 →	1,74 →	0,11 ←	0,29 ←	0,82 ←	0,79 ←	Druck Bohrloch I -500 mm, Gebl.unten läuft nicht,
19.700	18.700	1.380	2.760	3.250	3.960	zieht aber Luft durchs Gehäuse
2,05 →	1,74 →	0,29 ←	0,16 ←	1,85 ←	1,2 ←	
19.700	18.700	3.480	1.620	7.330	6.000	
2,66	3	3,4	2,7	1,1	1,4	

Streckenquerschnitte der Meßstellen in m²

→ Wetterzug zum Schacht
← Wetterzug vom Schacht

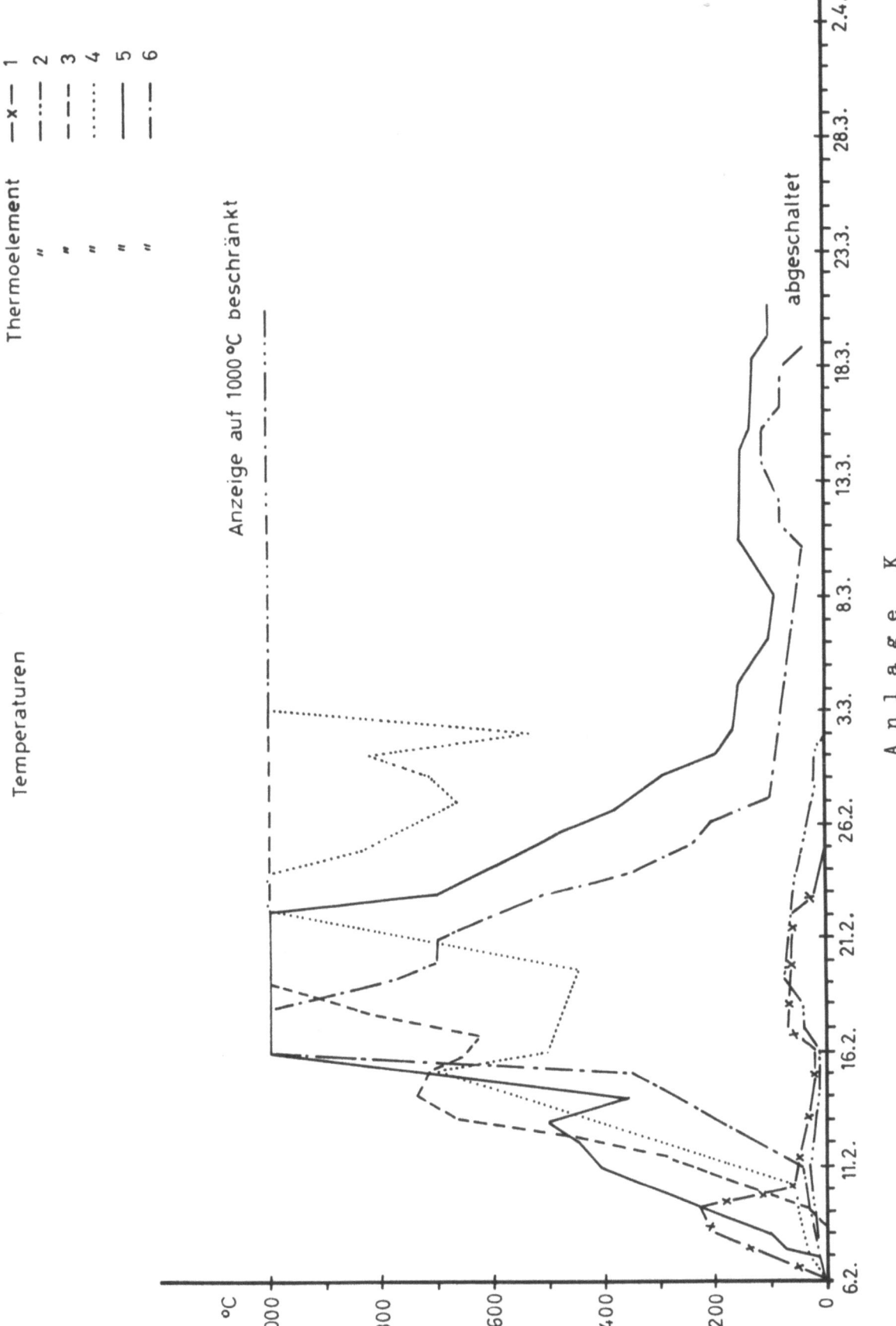

Seite 135

Verhältnis vom geförderten Wasserdampf zu der bei der Vergasung
aus Kohle frei werdenden Feuchtigkeit

.... Dampf am Entnahmeloch
———— Vergaste Kohle
– – – Feuchtigkeit aus der Kohle

Anlage L

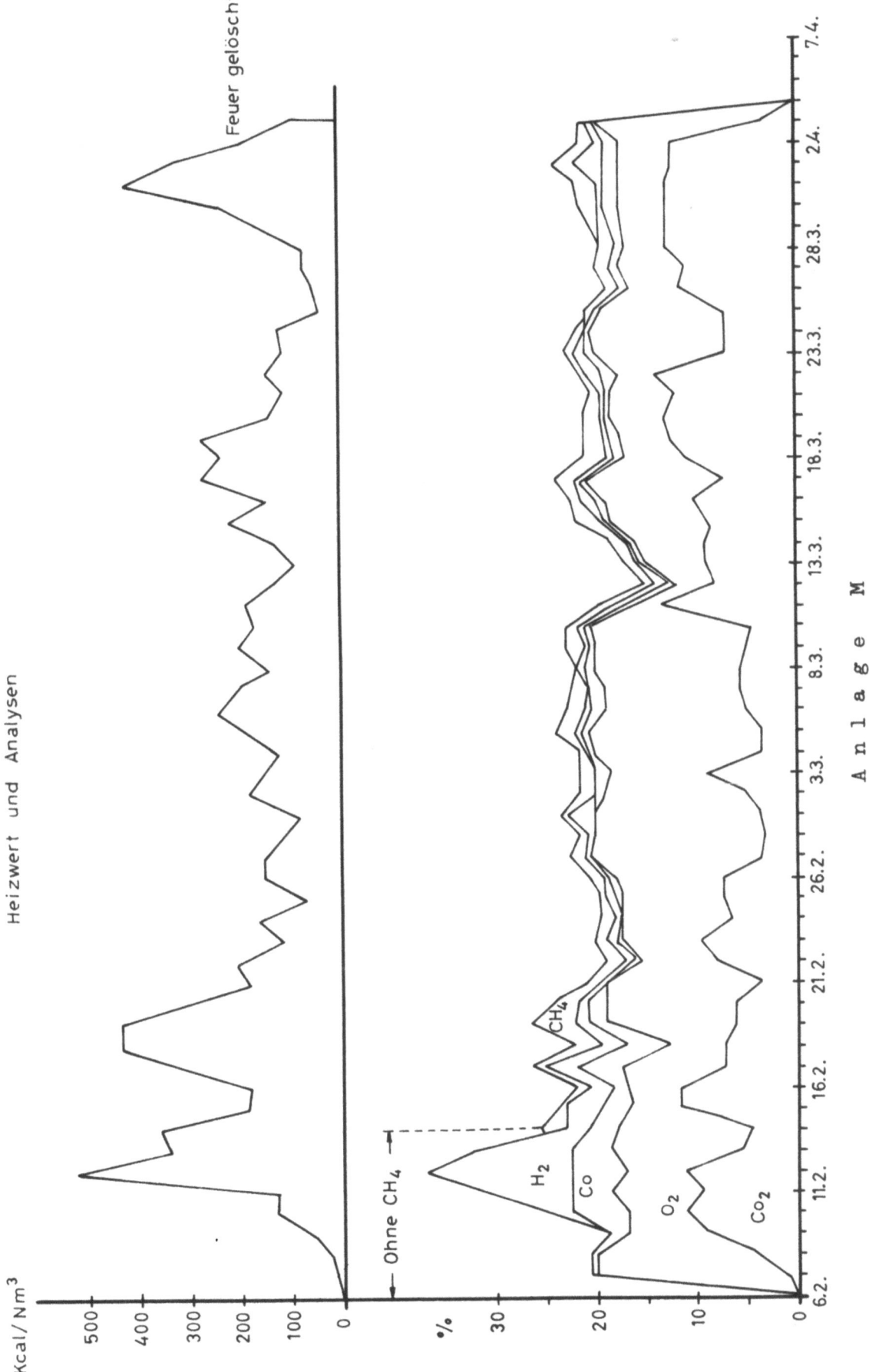

FORSCHUNGSBERICHTE DES LANDES NORDRHEIN-WESTFALEN

Herausgegeben
im Auftrage des Ministerpräsidenten Dr. Franz Meyers
von Staatssekretär Professor Dr. h. c., Dr. E. h. Leo Brandt

BERGBAU

HEFT 16
Max-Planck-Institut für Kohlenforschung, Mühlheim a. d. Ruhr
Arbeiten des MPI für Kohlenforschung
1953, 104 Seiten, 9 Abb., DM 17,80

HEFT 25
Gesellschaft für Kohlentechnik mbH., Dortmund-Eving
Struktur der Steinkohlen und Steinkohlen-Kokse
1953, 58 Seiten, DM 11,—

HEFT 30
Gesellschaft für Kohlentechnik mbH., Dortmund-Eving
Kombinierte Entaschung und Verschwelung von Steinkohle; Aufarbeitung von Steinkohlenschlämmen zu verkokbarer oder verschwelbarer Kohle
1953, 56 Seiten, 16 Abb., 10 Tabellen, DM 10,50

HEFT 31
Techn. Überwachungsverein e. V., Essen
Messung des Leistungsbedarfs von Doppelsteg-Kettenförderern
1954, 54 Seiten, 18 Abb., 3 Anlagen, DM 11,—

HEFT 40
Amt für Bodenforschung, Krefeld
Untersuchungen über die Anwendbarkeit geophysikalischer Verfahren zur Untersuchung von Spateisengängen im Siegerland
1953, 46 Seiten, 8 Abb., DM 8,80

HEFT 58
Gesellschaft für Kohlentechnik mbH., Dortmund-Eving
Herstellung und Untersuchung von Steinkohlenschwelteer
1954, 74 Seiten, 9 Abb., 9 Tabellen, DM 13,75

HEFT 120
Dipl.-Ing. A. Weisbecker, Lüdenscheid
Über Anfressung an Reinstaluminium-Schweißnähten bei der elektrolytischen Oxydation
Gebr. Hörstermann GmbH., Velbert
Entwicklung und Erprobung eines neuartigen Gummibandförderers
1955, 46 Seiten, 18 Abb., DM 9,70

HEFT 123
Dipl.-Ing. J. Emondts, Aachen
Über Bodenverformungen bei stark gestörtem und mächtigem, wasserführendem Deckgebirge im Aachener Steinkohlengebiet
1955, 196 Seiten, 37 Abb., 10 Tabellen, DM 28,80

HEFT 139
Prof. Dr. W. Fuchs †, Aachen
Studien über die thermische Zersetzung der Kohle und die Kohlendestillatprodukte
1955, 64 Seiten, 20 Abb., 22 Tabellen, DM 11,80

HEFT 179
Dipl.-Ing. H. F. Reineke, Bochum
Entwicklungsarbeiten auf dem Gebiete der Meß- und Regeltechnik
1955, 46 Seiten, 10 Abb., DM 10,—

HEFT 248
Rheinische Aktiengesellschaft für Braunkohlenbergbau und Brikettfabrikation, Köln
Untersuchung der Bindemitteleigenschaften von Braunkohlenfilteraschen
1956, 176 Seiten, 26 Abb., 30 Tabellen, DM 35,60

HEFT 252
Dipl.-Ing. H. Frings, Geilenkirchen
Die Wirkung abfallender Wetterführung auf Wettertemperatur, Grubengasgehalt und Staubbildung
1957, 118 Seiten, 15 Abb., 23 Tabellen, z. T. auf großformatigen Falttafeln, DM 35,70

HEFT 253
Dipl.-Ing. S. Schirmanski, Berghausen
Stand und Auswertung der Forschungsarbeiten über Temperatur- und Feuchtigkeitsgrenzen bei der bergmännischen Arbeit
1957, 70 Seiten, 24 Abb., 12 Tabellen, DM 17,10

HEFT 258
Dr. H. Paul, Linz a. Rhein und Prof. Dr. O. Graf, Dortmund
Zur Frage der Unfälle im Bergbau
1956, 52 Seiten, 9 Abb., 22 Tabellen, DM 11,20

HEFT 269
Markscheider R. Bals, Bochum
Eignung des Gebirgsankerausbaus zur Erleichterung des Streckenvortriebs im Steinkohlenbergbau
1956, 84 Seiten, 41 Abb., DM 18,75

HEFT 337
Dr. R. Hoeppener und Dr. W. Bierther, Bonn
Tektonik und Lagerstätten im Rheinischen Schiefergebirge
1957, 66 Seiten, 14 Abb., DM 16,25

HEFT 343
Prof. Dr.-Ing. W. Petersen und Dipl.-Ing. S. Wawroschek, Aachen
Die zweckmäßigsten Gütebestimmungsverfahren und Brikettierungsbedingungen bei der Erzeugung von Braunkohlen-Eisenerz-Briketts
1956, 64 Seiten, 28 Abb., DM 13,95

HEFT 346
Dipl.-Ing. O. Arnold, Aachen
Erfahrungen mit Kernbohrungen zur Lagerstättenuntersuchung im Erzbergbau
1957, 36 Seiten, 2 Abb., 7 Tabellen, 3 Falttafeln DM 8,80

HEFT 352
Dipl.-Ing. H. Fauser, Aachen
Fahrdynamik und Batterie- Arbeitsverbrauch von Akkumulatorenlokomotiven im Untertagebetrieb
1957, 152 Seiten, 50 Abb., 27 Diagramme, DM 36,10

HEFT 374
Dr. E. Paproth, Krefeld
Paläontologische Bearbeitung der in den devonischen Schichten des Siegerlandes enthaltenen Faunen
1957, 38 Seiten, 3 Tabellen, DM 8,30

HEFT 399
Prof. Dr. habil. H. E. Schwiete und Dr.-Ing. R. Vinkeloe, Aachen
Möglichkeiten der quantitativen Mineralanalyse mit dem Zählrohrgerät unter besonderer Berücksichtigung der Mineralgehaltsbestimmung von Tonen
1958, 102 Seiten, 34 Abb., 1 Tabelle, DM 26,70

HEFT 477
Sozialforschungsstelle an der Universität Münster zu Dortmund
Beiträge zur Soziologie der Gemeinden. Teil I:
Dr. K. Utermann, Dortmund
Freizeitprobleme bei der männlichen Jugend einer Zechengemeinde
1957, 56 Seiten, DM 12,75

HEFT 478
Prof. Dr.-Ing. habil. W. Petersen und Dr.-Ing. S. Wawroschek, Aachen
Brikettierungsversuche zur Erzeugung von Möllerbriketts unter Verwendung von Braunkohle
1957, 102 Seiten, 42 Abb., 6 Tabellen, DM 24,25

HEFT 484
Prof. Dr. phil. habil. H. E. Schwiete und Dr. G. Franzen, Aachen
Beitrag zur Struktur des Montmorillonit
1958, 76 Seiten, 23 Abb., DM 22,—

HEFT 490
Hauptstelle für Staub- und Silikosebekämpfung des Steinkohlenbergbauvereins, Essen-Rüttenscheid
Zur Staub- und Silikosebekämpfung im Steinkohlenbergbau
1958, 90 Seiten, 47 Abb., 7 Tabellen, DM 26,20

HEFT 502
Prof. Dr. M. Diem und Dr. R. Trappenberg, Karlsruhe
Berechnung der Ausbreitung von Staub und Gas
1957, 18 Seiten Text und 67 z. T. großformatige zweifarbige Diagramme, DM 37,30

HEFT 511
Dr.-Ing. habil. H. Wahl, Dipl.-Ing. G. Kantenwein und Dipl.-Ing. W. Schäfer, Essen
Gesteinsbohr-Modellversuche zur Frage des Drehbohrens, Schlagbohrens, Drehschlagbohrens und Rollenmeißelbohrens
1958, 258 Seiten, 167 Abb., DM 52,—

HEFT 518
Dr.-Ing. H. Scheffler, Dortmund
Funktionelle Zusammenhänge der dynamischen Einflußgrößen beim handgeführten Druckluft-Abbauhammer und ihre Berücksichtigung für die Konstruktion rückstoßarmer Hämmer
1958, 124 Seiten, 68 Abb., 11 Tabellen, DM 34,65

HEFT 522
Dr.-Ing. L. Lorentz, Bonn, und Dr.-Ing. K. Brocks, Mühlheim a. d. Ruhr
Elektrische Meßverfahren in der Geodäsie
1958, 108 Seiten, 49 Abb., 5 Tabellen, DM 28,—

HEFT 534
Forschungsgemeinschaft Ewald-König Ludwig
Seismische Forschungsarbeiten im Ostteil des Grubenfeldes König Ludwig
1958, 74 Seiten, 34 Abb. (z. T. mehrfarbig), 4 Tabellen, DM 42,80

HEFT 545
Prof. Dr. phil. habil. H. E. Schwiete,
Dr. rer. nat. G. Ziegler und
Dipl.-Ing. Ch. Kliesch, Aachen
Thermochemische Untersuchungen über die Dehydration des Montmorillonits
1958, 48 Seiten, 16 Abb., 4 Tabellen, DM 15,40

HEFT 559
Prof. Dr. phil. habil. H. E. Schwiete und
Dipl.-Chem. R. Gauglitz, Aachen
Die Verflüssigung von Montmorillonitschlämmen
1958, 66 Seiten, 15 Abb., 5 Tabellen, DM 19,30

HEFT 562
Prof. Dr.-Ing. H. Schenck,
Prof. Dr. phil. habil. N. G. Schmahl und
Dr.-Ing. G. Funke, Aachen
Die Reduzierbarkeit von Eisenerzen
1958, 102 Seiten, 89 Abb., 10 Tabellen, DM 29,25

HEFT 575
Prof. Dr. phil. habil. C. Kröger, Aachen
Verkokungsverhalten der Steinkohlenmacerale und ihrer Mischungen
1958, 58 Seiten, 18 Abb., 19 Tabellen, DM 18,70

HEFT 580
Prof. Dr.-Ing. A. Götte und Dr.-Ing. G. Scholz, Aachen
Unterstützung der Entwässerung von Feinkohle durch chemische Hilfsmittel
1958, 246 Seiten, 28 Abb., zahlr. Tabellen, DM 52,50

HEFT 603
Prof. Dr.-Ing. L. Engel und Dr.-Ing. J. Foerster, Clausthal-Zellerfeld
Gummielastische Stoffe als Dämpfungselemente an schlagenden Werkzeugen
1959, 48 Seiten, 36 Abb., DM 14,70

HEFT 625
Prof. Dr.-Ing. habil. W. Petersen und
Dr.-Ing. S. Wawroschek, Aachen
Brikettierungsversuche zur Erzeugung von Möllerbriketts für die Schwelverhüttung
1958, 90 Seiten, 37 Abb., 8 Tabellen, DM 22,40

HEFT 665
Dr. phil. habil. R. Köhler und Dr.-Ing. W. Ostermann, Bochum
Geräuschuntersuchungen an Druckluftmotoren
1958, 40 Seiten, 21 Abb., DM 12,50

HEFT 686
Dr.-Ing. D. Wartenberg, Clausthal-Zellerfeld
Untersuchungen über die Stromzuführung und den elektrischen Antrieb beim Vermessungskreisel
1959, 40 Seiten, 14 Abb., 3 Tabellen, DM 11,80

HEFT 698
Prof. Dr.-Ing. F. Kollmann, München
Die Eigenschaftsänderungen von Grubenholz nach Schutzsalzimprägnierung
1959, 94 Seiten, 60 Abb., 24 Tabellen, DM 25,20

HEFT 712
Gesellschaft zur Förderung der Forschung auf dem Gebiet der Bohr- und Schießtechnik e. V., Essen
Untersuchungen über das Drehschlagbohren
1959, 56 Seiten, 56 Abb., 1 Tabelle, DM 16,80

HEFT 713
Dr.-Ing. E. Menzenbach, Aachen
Die Anwendbarkeit von Sonden zur Prüfung der Festigkeitseigenschaften des Baugrundes
1959, 216 Seiten, 190 Abb., 24 Tabellen, DM 52,—

HEFT 727
Prof. Dr. phil. habil. C. Kröger, Aachen
Eigenschaften und chemische Konstitution der Steinkohlenmacerale
1959, 60 Seiten, 27 Abb., 16 Tabellen, DM 16,20

HEFT 743
Dr.-Ing. W. Eckmann, Dortmund
Untersuchungen über konstruktive und elektrische Maßnahmen zur Schwingzeitverkürzung beim Vermessungskreisel
1959, 72 Seiten, 32 Abb., 10 Tabellen, DM 19,—

HEFT 750
Dipl.-Geologe M. Reinhardt, Horrem (Bez. Köln)
Schlechtenuntersuchungen in den Flözen des Aachener Steinkohlengebirges
1959, 114 Seiten, 34 Abb., DM 27,—

HEFT 754
Prof. Dr. F. Lotze und Dr. U. Rosenfeld, Münster
Beiträge zur Frage der Stockwerktektonik im Ruhrkohlengebiet I
1960, 140 Seiten, 30 Abb., 17 Profile, 1 Karte, DM 49,—

HEFT 755
Dr.-Ing. H. Klein, Wetzlar
Polynologisch-stratigraphische Untersuchungen in den Grenzflözen der Mittleren und Oberen Essener Schichten (Westfal B) im mittleren Ruhrgebiet im Bereich der Emscher-Mulde
1959, 85 Seiten, 18 Abb., 4 Tafeln, DM 23,30

HEFT 762
Dipl.-Ing. W. Götzmann, Bochum
Entwicklung von Geräten für die Messung von Förderseil- und Fördermaschinenschwingungen
Teilbericht: Gerät zur Messung der Beschleunigungskomponenten an vertikal und horizontal schwingenden Förderkörben oder -gefäßen
1959, 36 Seiten, 20 Abb., DM 11,20

HEFT 782
Dr.-Ing. K. Werner, Essen
Temperatur und Dehnungsmessungen in einem Gefrierschacht
1960, 82 Seiten, 25 Abb., 9 Tabellen, DM 25,30

HEFT 783
Dipl.-Ing. B. Hornemann, Essen
Haftzugversuche auf dem Gebiete des Schachtausbaues
1960, 22 Seiten, 14 Abb., 10 Tabellen, DM 7,70

HEFT 851
Prof. Dr. K. Rode, Aachen
Die Dolomite am Nordwest-Abfall des Hohen Venns im Raume Aachen-Stolberg
1960, 52 Seiten, 15 Abb., 4 Tabellen, 5 Anlagen, DM 18,40

HEFT 861
Prof. Dr.-Ing. habil. G. Sonntag, München
Spannungsoptische und theoretische Untersuchungen der Beanspruchung geschichteter Gebirgskörper in der Umgebung einer Strecke
1960, 89 Seiten, 38 Abb., DM 25,10

HEFT 893
Dr. Ü. Tümer, Bonn
Die Tektonik im Ostteil des Velberter Sattels (Rheinland)
1960, 60 Seiten, 27 Abb., 1 Tabelle, 1 Tafel, DM 17,90

HEFT 909
Dipl.-Volksw. Dr. Alfred Plitzko, Institut für Wirtschaftswissenschaften der Technischen Hochschule Aachen
Bemerkungen zu den Wettbewerbsbedingungen zwischen Kohle und Erdöl
1960, 76 Seiten, 2 Abb., 36 Tabellen, DM 20,60

HEFT 939
Prof. Dr.-Ing. habil. Wilhelm Petersen und Dipl.-Ing. Hans Mingenbach, Dozentur für Brikettierung der Technischen Hochschule Aachen
Untersuchungen über die Herstellung von Erzbriketts
1961, 84 Seiten, 67 Abb., 2 Tabellen, DM 25,60

HEFT 945
Prof. Dr. Franz Lotze und Dr. Rolf Schmidt, Münster (Westf.)
Beiträge zur Frage der Stockwerktektonik im Ruhrkohlengebiet II

HEFT 947
Dr.-Ing. Dietrich Wartenberg, Westfälische Berggewerkschaftskasse, Bochum
Wachstumsgesetz beim Vermessungskreiselkompaß
1961, 38 Seiten, 1 Abb., 2 Tabellen, DM 11,30

HEFT 954
Dipl.-Ing. Helmut Grupe, Westfälische Berggewerkschaftskasse, Bochum
Entwicklung einer Einrichtung zur Prüfung von Förderseilen nach dem magnetinduktiven Verfahren
1961, 72 Seiten, 62 Abb., DM 23,60

HEFT 993
Prof. Dr.-Ing. habil. August Götte und Dipl.-Ing. Manfred Schäfer, Institut für Aufbereitung, Kokerei und Brikettierung, Aachen
Untersuchungen über die Entwässerung durch Heizöl umbenetzter Steinkohlenschlämme
1960, 140 Seiten, 30 Abb., 17 Profile,

HEFT 999
Prof. Dr. Franz Lotze, u. a., Geologisch-Paläontologisches Institut der Universität Münster (Westf.)
Hydrologie des Westteils der Ibbenbürener Karbonscholle

HEFT 1017
Prof. Dr. Karl Rode, Geologisches Institut der Technischen Hochschule, Aachen
Bestandsaufnahme des quarzitischen Sandsteins im Oberkarbon östlich von Aachen und des linksrheinischen Koblenzquarzits.

HEFT 1050
Dipl.-Geol. Dr. Joh. Hartlieb, Geolog. Landesamt NRW, Krefeld
Regionale Erfassung der Tonsteine des rheinisch-westfälischen Steinkohlengebirges und Versuch ihrer Auswertung als Leithorizonte

HEFT 1058
Dipl.-Bergingenieur Joachim B. Rolfes, im Auftrag der Gewerkschaft Wohlfahrt, Dillenburg
Der Vergasungsversuch unter Tage von Breitscheid/Dillkreis
In Vorbereitung

Ein Gesamtverzeichnis der Forschungsberichte, die folgende Gebiete umfassen, kann bei Bedarf vom Verlag angefordert werden:
Acetylen / Schweißtechnik - Arbeitswissenschaft - Bau / Steine / Erden - Bergbau - Biologie - Chemie - Eisenverarbeitende Industrie - Elektrotechnik / Optik - Fahrzeugbau / Gasmotoren - Farbe / Papier / Photographie - Fertigung - Funktechnik/Astronomie - Gaswirtschaft - Hüttenwesen / Werkstoffkunde - Kunststoff - Luftfahrt / Flugwissenschaften - Maschinenbau - Medizin / Pharmakologie - NE-Metalle - Physik - Schall / Ultraschall - Schiffahrt - Textiltechnik / Faserforschung / Wäschereiforschung - Turbinen - Verkehr - Wirtschaftswissenschaft.

If you have any concerns about our products,
you can contact us on
ProductSafety@springernature.com

In case Publisher is established outside the EU,
the EU authorized representative is:
**Springer Nature Customer Service Center GmbH
Europaplatz 3, 69115 Heidelberg, Germany**

Printed by Libri Plureos GmbH
in Hamburg, Germany